Martin Waegner

Ferroelektrische Nanopartikel für elektronische Bauelemente

TUDpress

2013

Die vorliegende Arbeit wurde am 2. April 2013 als Dissertation an der Fakultät Elektrotechnik und Informationstechnik der Technischen Universität Dresden eingereicht und am 21. Juni 2013 erfolgreich verteidigt.

Gutachter: Prof. Dr.-Ing. habil. Gerald Gerlach
  Prof. Dr. phil. II. habil. Lukas M. Eng

Bibliografische Information der Deutschen Nationalbibliothek
Die Deutsche Nationalbibliothek verzeichnet diese Publikation in der Deutschen Nationalbibliografie; detaillierte bibliografische Daten sind im Internet über http://dnb.d-nb.de abrufbar.

Bibliographic information published by the Deutsche Nationalbibliothek
The Deutsche Nationalbibliothek lists this publication in the Deutsche Nationalbibliografie; detailed bibliographic data are available in the Internet at http://dnb.d-nb.de.

ISBN 978-3-944331-25-6

© TUDpress
Verlag der Wissenschaften GmbH
Bergstr. 70 | D-01069 Dresden
Tel.: 0351/47 96 97 20 | Fax: 0351/47 96 08 19
http://www.tudpress.de

Alle Rechte vorbehalten. All rights reserved.
Gesetzt vom Autor.
Printed in Germany.

Für meine Eltern

VORWORT DES HERAUSGEBERS

In der modernen Informations- und Kommunikationstechnik spielt Silizium die dominierende Rolle. Als Halbleiter kann man durch Dotierung seine Leitfähigkeit um viele Größenordnungen ändern. Durch thermische Oxydation entstehen hochisolierende Schichten, die fast defektfrei sind. Die Fotolithografie erlaubt die einfache Strukturübertragung auf großen Flächen und mit der CMOS-Technologie lässt sich eine Vielzahl unterschiedlicher Schaltungen vorteilhaft herstellen. Trotzdem lassen sich mit Silizium nicht alle gewünschten Bauelementefunktionen realisieren, so dass auch andere Funktionswerkstoffe – meist als dünne Schichten – von Interesse sind.

Einer der Werkstoffe mit großem Anwendungspotenzial ist Bleizirkonattitanat (PZT bzw. $PbZr_xTi_{1-x}O_3$), das eine hohe Permittivität besitzt, piezo- und pyroelektrische Eigenschaften zeigt und als Ferroelektrikum auch schaltbar ist. Es kann als dünne Schicht auf Siliziumwafern abgeschieden werden.

Frühere Forschungsarbeiten haben gezeigt, dass PZT-Strukturen mit Abmessungen im Nanometerbereich Eigenschaften zeigen, die sich stark von denen größerer Strukturen unterscheiden. Dies kann einerseits durch direkte Nanoeffekte hervorgerufen sein, andererseits aber auch durch Änderungen der Einspannungsbedingungen bei drastischer Änderung des Aspektverhältnisses, das über die piezoelektrischen Verkopplungen dann das elektrische Verhalten beeinflusst. Diese Arbeit hat sich nun das Ziel gesetzt, den Einfluss von PZT-Dünnschichtstrukturen mit Abmessungen von wenigen 10 nm zu untersuchen. Dies alles erfolgt unter dem Gesichtspunkt möglicher Anwendungen solcher PZT-Nanostrukturen in elektronischen Bauelementen, z. B. in Sensoren mit verbesserter Sensitivität oder Detektivität. In diesem Sinne leistet dieser Band der „Dresdner Beiträge zur Sensorik" einen wichtigen Beitrag zur Entwicklung von verbesserten oder sogar neuen PZT-basierten elektronischen Bauelementen.

Ich wünsche diesem Band deshalb eine interessierte Leserschaft!

Dresden, im Juni 2013
Gerald Gerlach

VORWORT DES AUTORS

Diese Arbeit entstand während meiner Zeit als Stipendiat im Graduiertenkolleg „Nano- und Biotechnologien für das Packaging elektronischer Systeme" (DFG 1401). In dieser Zeit arbeitete ich am Institut für Festkörperelektronik (IFE) der Technischen Universität Dresden auf dem Forschungsgebiet ferroelektrischer Materialien. Die Grundlage bildeten dünne ferroelektrische Schichten, die am Institut erforscht und hergestellt wurden. Durch die Nanostrukturierung dieser dünnen Schichten konnten erhöhte ferroelektrische Materialeigenschaften, wie sie von einzelnen Nanopartikeln bereits bekannt sind, auch in nanostrukturierten Oberflächen nachgewiesen werden.

Ich möchte hier die Möglichkeit nutzen meinem Doktorvater Herrn Prof. Dr.-Ing. Gerald Gerlach für die Unterstützung in dieser Zeit zu danken. Er stand jederzeit mit Rat, Ideen und Motivation zur Seite. Ganz besonders möchte ich auch Herrn Prof. Dr. phil. II. habil. Lukas M. Eng vom Institut für Angewandte Photopyhsik (IAPP) für die vielen anregenden Diskussionen, Erörterungen und Analysen danken. Herr Prof. Dr. rer. nat. Heinz Sturm und Christiane Weimann von der Bundesanstalt für Materialprüfung (BAM) unterstützen mich außerdem intensiv bei einer vierwöchigen Messreihe an der BAM Berlin. Ohne sie hätte der ein oder andere Erkenntnisgewinn noch wesentlich mehr Zeit in Anspruch genommen.

Darüber hinaus gibt es eine ganze Reihe von Kollegen und Mitarbeitern die mich an der TU Dresden jederzeit unterstützt haben und zum Gelingen dieser Arbeit beigetragen haben. Mein besonderer Dank gilt dabei:

- Matthias Schröder für alle Vorzüge und Probleme von PFM, Andreas Finn für die zahlreichen technologischen Diskussionen, Gunnar Suchaneck für die Diskussionen und das Versorgen mit Literatur und Anna Große für tolle Polystyrol-Nanopartikel,

- meinen Kollegen Siegfried Kostka, Marco Schossig, Ulrike Lehmann, Sabine Herbst und Volkmar Norkus für die vielen Diskussionen und Hilfestellungen bei theoretischen und praktischen Problemen,

- aber auch dem nicht direkt an der Arbeit beteiligten Kollegenkreis, der mir die Zeit am IFE so angenehm wie möglich gemacht hat. Sei es die Vorbereitung von Doktorfeiern, die Kaffeepausen oder das Bier nach einem frustrierenden Labortag: Anja, Volker, Yvonne, Marco, Adi, Hebedas, Anna, Markus, Alex, Christian, Sebastian, Mario und all jene, die ich noch vergessen habe,

- der Deutschen Forschungsgesellschaft (DFG) für die Finanzierung des Graduiertenkollegs und so die Möglichkeit in solch einem internationalen und interdisziplinären Team zu arbeiten und natürlich
- meiner Familie und meinen Freunden, ganz besonders Hannes und Tommy. Sie waren stets mit Geduld, Motivation, Ablenkung aber auch Kritik und Hilfestellung beim Korrekturlesen zur Stelle und haben so diese Arbeit erst möglich gemacht.

Dresden, im Juli 2013   Martin Waegner

ABSTRACT

First investigations of nano-sized ferroelectric particles date back to the early 1950s, manifesting a strong dependence of dielectric properties on particle size. Subsequently, size effects were in the research focus for the following years in both experiment and theory. In those experiments, mostly performed on $PbTiO_3$, $BaTiO_3$ and $PbZrO_3$ nanoparticles, significant changes with decreasing particle size were obtained in Curie temperature and c/a-ratio. In most cases, single particles and powders were investigated. On the other hand, well-patterned surfaces are of major interest for the artificial design of macroscopic material properties in sensor and actuator applications.

In this work, the fabrication of lead zirconate titanate (PZT) nanodisc arrays isolated by a polymer layer and contacted with a top electrode is described. PZT thin films were deposited by multi-target sputtering onto a platinum/titanium dioxide bottom electrode and structured by means of nanosphere lithography. This technique is based on a two-step etch process that enables excellent control of the fabrication of ordered nanodisc arrays of defined height, diameter, and pitch.

To guarantee short-circuit-free evaporation of a top electrode, the space between the nanostructures is filled by a polymer. Two approaches for the filling are demonstrated: a. imprinting and b. skim coating. Single nanodiscs embedded in a flexible polymer matrix have two major advantages. First, taking into account the flexibility of the matrix they can vibrate in lateral direction and, second, due to shrinking to the nanoscale, predominant directions of the polarization form, such as vortex- or bubble-like domain patterns.

Piezoresponse force microscopy was used to investigate both non-patterned and patterned films. The topography and both the out-of-plane and the in-plane polarization were deduced in this mode. Grains of nanodots with a low aspect ratio form domain structures comparable to domains in non-patterned two-dimensional films. In contrast, nanodots with a higher aspect ratio form particular structures like bi-sectioned domain assemblies, c-shaped domains or multidomains surrounding a center domain. The patterning of the ferroelectric material was shown to affect the formation of ferroelectric domains. The initial polycrystalline films with random polarization orientation re-orient upon patterning and then show domain structures dependent on the nanodisc diameter and aspect ratio.

The combination of out-of-plane and in-plane amplitude and phase allows to deduce the two-dimensional orientation of the local polarization vector. The polarization seems to rotate around the dots' center and no more sharpe domain walls are observed. Most of the nanodiscs show a three-fold symmetry caused by the (111)-texture of the PZT nanostructures. Hystereses measurements on such domain patterns revealed limitations in in-plane switching of the domains in nano-structured thin films.

Furthermore, patterned and non-patterned samples with and without a top electrode are measured to check the local piezoresponse by means of piezoresponse force microscopy. Comparison of the different samples revealed an increase in lateral piezoactivity for patterned samples with Ni/Cr electrode while the out-of-plane piezoresponse remained constant. Gold electrodes limit the piezoresponse in both measured directions probably due to the higher damping of gold electrodes.

INHALTSVERZEICHNIS

Symbolverzeichnis   xvii

Abkürzungsverzeichnis   xxi

1. Einleitung   1

2. Ferroelektrika   5
    2.1. Grundlagen 5
       2.1.1. Geschichte 6
       2.1.2. Polarisation 7
       2.1.3. Ferroelektrische Domänen 10
    2.2. Piezoelektrizität 13
    2.3. Pyroelektrizität 15
    2.4. Ferroelektrische Materialien 16
       2.4.1. Blei-Zirkonat-Titanat (PZT) 18
       2.4.2. Lithiumniobat (LNO) 20
    2.5. Anwendungen 21
       2.5.1. Dielektrika für elektronische Bauelemente 22
       2.5.2. Piezoelektrische Aktoren 23
       2.5.3. Pyroelektrische Sensoren 23
       2.5.4. FeRAM 23
       2.5.5. Anwendungen von ferroelektrischen Nanopartikeln .. 23
    2.6. Charakterisierung 24
       2.6.1. Messung der ferroelektrischen Hysterese 25
       2.6.2. Rasterkraft-Mikroskopie 25
    2.7. Größeneffekte 28
       2.7.1. Partikelgrößeneffekte 30
       2.7.2. Korngrößeneffekte 30
       2.7.3. Effekte in Nanopunkten 32

3. Herstellung ferroelektrischer Nanostrukturen — 35
- 3.1. Top-Down-Verfahren 35
  - 3.1.1. Lithografieverfahren 36
  - 3.1.2. Direkte Schreibverfahren 38
  - 3.1.3. Laserablation 38
  - 3.1.4. Imprint 38
- 3.2. Bottom-Up-Verfahren 39
  - 3.2.1. Templateverfahren 39
  - 3.2.2. Spezielle Sol-Gel-Verfahren 39
  - 3.2.3. Epitaktisches Wachstum 40
  - 3.2.4. Selbstanordnung 41
- 3.3. Hybridverfahren 42
  - 3.3.1. Rastersonden-Methoden 42
  - 3.3.2. Nanokugellithografie 42

4. Materialien und Methoden — 51
- 4.1. Multi-Target-Sputtern von Blei-Zirkonat-Titanat 52
- 4.2. Charakterisierung der PZT-Schichten 53
  - 4.2.1. Röntgenfotoelektronenspektroskopie (XPS) 53
  - 4.2.2. Röntgenbeugung (XRD) 54
  - 4.2.3. Rückstreuelektronenbeugung (EBSD) 55
  - 4.2.4. Oberflächentopografie und Querschnitt 56
- 4.3. Nanostrukturierung 57
  - 4.3.1. Nanokugellithografie 57
  - 4.3.2. Strukturübertragung 61
  - 4.3.3. Auffüllen und Kontaktieren 62
- 4.4. Piezokraft-Mikroskopie 64
  - 4.4.1. Messaufbau und Funktionsprinzip 64
  - 4.4.2. Spitze–Probe-Wechselwirkungen 66
  - 4.4.3. Ortsauflösung 71
  - 4.4.4. Kontrastmechanismus 72
  - 4.4.5. Messungen 74

5. Ergebnisse und Diskussion — 77
- 5.1. Technologie 77
  - 5.1.1. Dispersionen von Polymerkugeln 78
  - 5.1.2. Herstellung und Modifikation geschlossener Masken aus Nanokugeln .. 79
  - 5.1.3. Strukturtransfer 82
  - 5.1.4. Auffüllen der Zwischenräume 83
  - 5.1.5. Zusammenfassung 86
- 5.2. Kalibrierung Piezokraft-Mikroskopie 86
- 5.3. Einfluss der Strukturierung auf die Domänenstruktur 88
  - 5.3.1. Einfluss der Strukturhöhen 89
  - 5.3.2. Einfluss der Strukturdurchmesser 91
  - 5.3.3. Vortexdomänen 91
- 5.4. Anstieg der Amplitude der piezoelektrischen Antwort 92
  - 5.4.1. Einfluss der Strukturhöhen 93

    5.4.2. Einfluss des Strukturdurchmessers 94
  5.5. Hysteresemessungen 94
  5.6. Kontaktierte Nanopunktarrays 97
  5.7. Zusammenfassung 99

6. Zusammenfassung und Ausblick   101
  6.1. Zusammenfassung 101
  6.2. Ausblick 103

Anhang   105

Literatur   113

SYMBOLVERZEICHNIS

A .... Amplitude der piezoelektrischen Antwort, Fläche

A .... Kation mit großem Ionenradius

a .... Achse der Einheitszelle, Strukturgröße

α .... Polarisierbarkeit, allgemeiner Winkel, thermischer Ausdehnungskoeffizient

B .... Kation mit kleinem Ionenradius

b .... Breite

C .... Kapzität

c .... Achse der Einheitszelle, elastische Steifigkeit

χ .... elektrische Suszeptibilität

D .... dielektrische Verschiebungsdichte, Durchmesser, Verschiebung

d .... Abstand, Durchmesser, piezoelektrischer Verzerrungskoeffizient

E .... elektrische Feldstärke, Elastizitätsmodul, Energie

e .... piezoelektrischer Verzerrungskoeffizient

E_c .... Koerzitivfeldstärke

ε .... Permittivität

ε_0 .... Permittivität des Vakuums

ε_r .... materialspezifische dielektrische Konstante (eindimensionaler Fall)

F .... Kraft, Strukturdichte, Füllfaktor

f .... Frequenz, Fokustiefe

FSG	Feststoffgehalt
g	Korngröße, piezoelektrischer Spannungskoeffizient
γ	Oberflächenspannung
h	Höhe, Dicke, piezoelektrischer Spannungskoeffizient
I	elektrischer Strom, Biegeträgheitsmoment
k	elektromechanischer Koppelfaktor, Prozesskonstante, Federkonstante
k_1	Kohärenzfaktor
κ	materialspezifische dielektrische Konstante
L	Länge des Cantilevers, allgemeine Strecke
l	allgemeine Strecke
λ	Wellenlänge
m	Masse
n	Dichte der Dipolmomente, Brechungsindex
NA	numerische Apertur
ω	Kreisfrequenz
P	Polarisation, Leistung
p	Dipolmoment, pyroelektrische Koeffizient, Druck
φ	Auslenkungswinkel, Phasenverschiebung
P_r	remanente Polarisation
P_s	spontane Polarisation
Q	elektrische Ladung
q	Punktladung
R	Widerstand, Rauheit
r	Abstand
ρ	Dichte
S	mechanische Verzerrung
s	Auslenkung

s_d ... relative Streuung des Durchmessers

σ .... mechanische Spannung

σ_{ij} ... Kronecker-Symbol ($\sigma_{ij} = 1$ für $i = j$ und $\sigma_{ij} = 0$ für $i \neq j$)

T .... Temperatur, Cantileverdicke

t ..... Zeit, Dicke

T_c ... CURIE-Temperatur

Θ .... Neigungswinkel

U .... elektrische Spannung

V .... Volumen, Verstärkung

v ..... piezoelektrische Antwort

W ... mechanische Belastung, Cantileverbreite

w .... Durchbiegung

x ..... Raumrichtung, stöchiometrisches Verhältnis

y ..... Raumrichtung

z ..... Raumrichtung

Indizes

a_0 ... Anfangswert

a_{el} ... elektrostatisch Wert

a_{ferro} .. des Ferroelektrikums

a_{krit} .. kritischer Wert

a_{max} .. Maximum

a_{min} ... Minimum

a_{nl} ... nicht lokal

a_{piezo} .. piezoelektrisch

a_{pp} ... Spitze–Spitze-Wert

a_{tot} ... Gesamt

a_{res} ... Resonanz

a_{rms} .. mittlerer quadratischer Wert

a_{med} . . . Median des Werts

a_{tip} . . . . Cantileverspitze

Symbolik

a^B . . . . Abhängigkeit von a bei konstanter Größe B

$\{a\}$ . . . . a ist ein Vektor

$[a]$ . . . . a ist eine Matrix

$\bar{a}$ . . . . mittlerer Wert von a

ΔA . . . Änderung von A

A_{ij} 2D-Tensorschreibweise

ABKÜRZUNGSVERZEICHNIS

0D nulldimensional

1D eindimensional

2D zweidimensional

3D dreidimensional

A$_O$ orthorhombisch antiferroelektrische Phase

A$_T$ tetragonale antiferroelektrische Phase

AAO Anodisiertes Aluminiumoxid

AC Wechselstrom

AFM Atomkraft-Mikroskopie (Atomic Force Microscopy)

arb. units willkürliche Einheit (arbitrary units)

AS Acrylsäure

BTO Bariumtitanat

CD Compact Disc

CMOS komplementärer Metall-Oxid-Halbleiter (Complementary Metal Oxide Semiconductor)

CMP chemisch-mechanisches Polieren (Chemical Mechanical Polishing)

CSD Abscheidung aus chemischen Lösungen (Chemical Solution Deposition)

CVD chemische Gasphasenabscheidung (Chemical Vapor Deposition)

DC Gleichstrom

DLS Dynamische Lichtstreuung (Dynamic Light Scattering)

DVD Digital Video Disc

EBSD Rückstreuelektronenbeugung (Electron Backscatter Diffraction)

EDX Energiedispersive Röntgenspektroskopie (Energy Dispersive X-ray Spectroscopy)

EFM Electrostatic Force Microscopy

EP1–EP6 Bezeichnung der Polystyroldispersionen

F_M monokline ferroelektrische Phase

F_R rhomboedrische ferroelektrische Phase

F_T tetragonale ferroelektrische Phase

fcc kubisch-flächenzentriert (face centered cubic)

FeFET Ferroelektrischer Feldeffekttransistor

FEM Finite-Elemente-Methode

FeRAM Ferroelektrischer Speicher (Ferroelectric Random Access Memory)

FFM Friction Force Microscopy

FIB Ionenstrahlschreiben (Focused Ion Beam)

FRRAM Ferroresistiver Speicher (Ferroresistive Random Access Memory)

FWHM Halbwertsbreite (Full Width at Half Maximum)

Gew.-% Gewichtsprozent

GLD-Theorie Ginzburg-Landau-Devonshire-Theorie

hcp hexagonal-dicht (hexagonal close-packed)

HF Hochfrequenz

HT Hochtemperatur

IBE Ionenstrahlätzen (Ion Beam Etching)

ICSD International Crystallographic Structure Database

ip in Plane

k. A. keine Angabe

KDP Kaliumdihydrogenphosphat

KPS Kaliumperoxodisulfat

LED Licht-emittierende Diode (Light-emitting Diode)

LNO Lithiumniobat

LSPR Oberflächenplasmonenresonanz (Localized Surface Plasmon Resonance)

MAS Methacrylsäure

MLCC Keramikvielschicht-Kondensatoren (Multilayered Ceramic Capacitor)

Mod. Modifikation

MPB morphotrope Phasengrenze (Morphotropic Phase Boundary)

NSL Nanokugellithografie (Nanosphere Lithography)

NT Niedertemperatur

oop out of Plane

P_C kubische paraelektrische Phase

PDMS Polydimethylsiloxan

PEGDA Polyethylenglykoldiacrylat

PFM Piezokraft-Mikroskopie (Piezoresponse Force Microcopy)

PFPE Perfluoropolyether

PLD Laserablation (Pulsed Laser Deposition)

PLZT Blei-Lanthan-Zirkonat-Titanat

PMMA Polymethylmethacrylat

PS Polystyrol

PT Bleititant

PVD physikalische Gasphasenabscheidung (Physical Vapor Deposition)

PZ Bleizirkonat

PZT Blei-Zirkonat-Titanat

Ref. Referenz

REM Raster-Elektronen-Mikroskop

RF Radiofrequenz

RIE reaktives Ionenätzen (Reactive Ion Etching)

SAW Akustische Oberflächenwelle (Surface Acoustic Wave)

SCM Scanning Capacitance Microscopy

SDS Natriumdodecylsulfat

SERS Raman-Streuung (Surface Enhanced Raman Scattering)

SFM Rasterkraft-Mikroskopie (Scanning Force Microscopy)

SIMS Sekundärionen-Massenspektrometrie

SNDM Scanning Nonlinear Dielectric Microscopy

SNMS Sekundär-Neutralteilchen-Massenspektrometrie

SS-PFM Switching Spectroscopy Piezoresponse Force Microscopy

SSPM Scanning Surface Potential Microscopy

TEM Transmissions-Elektronen-Mikroskop

UV ultraviolett

vgl. vergleiche

XPS Röntgenfotoelektronenspektroskopie (X-ray Photoelectron Spectroscopy)

XRD Röntgenbeugung (X-ray Diffraction)

y-LNO Lithiumniobat im *y*-Schnitt

z-LNO Lithiumniobat im *z*-Schnitt

1. EINLEITUNG

Ferroelektrika sind dielektrische Werkstoffe, die durch elektrische Felder, Druck und Temperaturänderungen polarisiert werden können und in denen sich die Polarisation zwischen mindestens zwei Zuständen schalten lässt [1]. Ferroelektrische funktionale Schichten sind von großer Bedeutung für moderne mikroelektronische und mikromechanische Bauelemente, da sie ein ideales Material für die Wandlung physikalischer Energien (thermisch–elektrisch, mechanisch–elektrisch, ...) sind. Darüber hinaus verfügen sie über sehr hohe dielektrische Konstanten, was beispielsweise für Kondensatoren in Speicherbausteinen genutzt wird. Da in der Mikroelektronik eine immer höhere Leistung und Ausbeute bei sinkenden Kosten angestrebt wird, führt dies entsprechend dem MOOREschen Gesetz zu einer immer weiteren Miniaturisierung der einzelnen Bauelemente und demzufolge auch der funktionalen Strukturen.

Angetrieben von der Entwicklung leistungsfähiger Speicherbausteine [2–4] und neuer verbesserter Analysemethoden rückte in den letzten 15 Jahren die Untersuchung des Verhaltens miniaturisierter Ferroelektrika in den Fokus der Forschung. Dabei ist das primäre Ziel die Erhöhung der Speicherkapazität je Chipfläche. Bereits 1954 untersuchten ANLIKER et al. die Eigenschaften von ferroelektrischen Bariumtitanat-Nanopartikeln und beobachteten erstmalig eine Veränderung der pyro- und piezoelektrischen Eigenschaften in Abhängigkeit von der Partikelgröße [5, 6] (Abb. 1.1). Trotz dessen, dass dieser Effekt mittlerweile in einer Vielzahl von Experimenten beobachtet wurde [7–14], ist die Ursache für die Erhöhung der piezo- und pyroelektrischen Koeffizienten bei Raumtemperatur nicht eindeutig geklärt. Wenn es möglich ist, diesen Effekt reproduzierbar auf größeren Flächen nutzbar zu machen, so ist die Entwicklung neuartiger verbesserter Materialien für leistungsstarke Sensoren und Aktoren denkbar.

Die genauen Kenntnisse über die Veränderungen in den miniaturisierten Elementen ist von essentieller Wichtigkeit, um diese Effekte gezielt nutzen zu können. Eine Reihe von Autoren vermuten, dass die Bildung von Domänen und besonderen Domänenformationen in den Materialien die Ursachen für die Veränderung der physikalischen Eigenschaften sind [15–19]. Dabei überwiegt die Annahme, dass die Domänenformation in ferroelektrischen Nanostrukturen, wie Zylindern, Würfeln oder Nanopunkten, eine Folge des veränderten Oberfläche-zu-Volumen-Verhältnisses sowie der Randbedingungen von freistehenden Strukturen sind. GRUVERMAN et al. [20] und RODRIGUEZ et al. [21] waren die Ersten, die periodische ferroelektrische Nanostrukturen herstellten und untersuchten. Sie erkannten, dass die Form und die Größe der Strukturen einen Einfluss auf die spontane Polarisation der Materialien haben. So wurden in kubischen

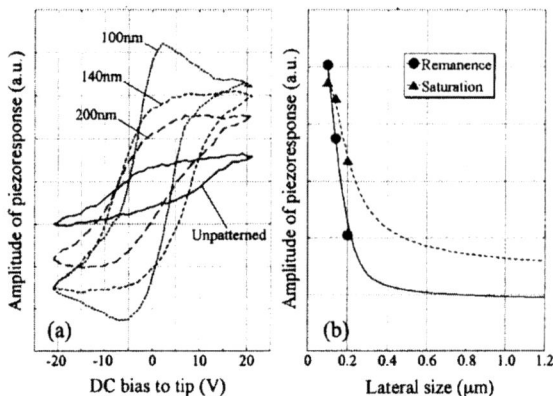

Abbildung 1.1.: Ferroelektrische Hysteresemessungen mithilfe von Piezokraft-Mikroskopie zeigen eine erhöhte lokale piezoelektrische Ausgangsspannung: (a) Hysteresen von Nanostrukturen mit lateralen Abmessungen zwischen 100 und 200 nm und (b) remanente Polarisation und Sättigung als Funktion der lateralen Abmessung (aus [6]).

Bleititanat-Strukturen beispielsweise spezielle Domänenformationen (torusförmige, c-förmige) beobachtet [22].

Wenn sich die Bildung der Domänen in ferroelektrischen Nanostrukturen durch deren Form und Größe gezielt beeinflussen ließe, wäre es möglich, durch die Strukturierung die makroskopischen physikalischen Eigenschaften des Ferroelektrikums einzustellen. Beispielsweise könnten durch Arraystrukturen mit einheitlicher oder periodisch veränderlicher Ausrichtung der spontanen Polarisation eine Funktionalisierung der Oberfläche erreicht werden. Zusätzlich wird die Strukturierung der Oberfläche durch eine Erhöhung der lokalen piezoelektrischen Amplitude begleitet (Abb. 1.1a).

Dem Effekt der lokalen Erhöhung der piezoelektrischen Amplitude steht der Verlust von aktiver Fläche durch die Nanostrukturierung gegenüber. Eine Abschätzung hat gezeigt, dass im schlechtesten Fall einer Verdreifachung der piezoelektrischen Amplitude [6] der Verlust der aktiven Fläche kompensiert wird. Im besten Fall kommt es zu einer Verdopplung des effektiven Effekts (vgl. Anhang A).

Im letzten Jahrzehnt beschäftigten sich eine Reihe von Arbeiten mit ferroelektrischen Dünnfilmen und Nanostrukturen. HARNAGEA untersuchte 2001 ferroelektrische, epitaktische polykristalline Dünnfilme sowie durch Elektronenstrahllithografie hergestellte Nanostrukturen [23]. Der Fokus der Arbeit lag dabei in erster Linie auf der damals neuen Analysemethode der Piezokraft-Mikroskopie (Piezoresponse Force Microscopy, PFM). 2004 stellte BÜHLMANN in seiner Dissertation regelmäßig angeordnete Arrays aus Blei-Zirkonat-Titanat her [24]. Das Ziel der Arbeit bestand in der Erforschung geeigneter Materialien für ferroelektrische Speicher (FeRAMs). Der Hauptteil der Arbeit beschäftigte sich dabei mit dem epitaktischen Wachstum und Sputtern des Materials. Außerdem wurden die Wachstumsmechanismen und der Einfluss verschiedener Kristallkeime untersucht. Als Strukturierungstechnik kam ebenfalls die Elektronenstrahllithografie zum Einsatz. SCHLAPHOF beschäftigte sich 2005 mit der Weiterentwicklung der Piezokraft-Mikroskopie und untersuchte verschiedene dünne ferroelektrische Schichten [25]. Mit der Domänenstruktur von gesintertem Blei-Zirkonat-Titanat-Proben setzte sich SUTTER 2005 auseinander [26]. YOU betrachtete 2010 erstmalig alternative Ansätze zur Herstellung von

Nanostrukturen für FeRAMs [27]. Die Charakterisierung der Nanostrukturen erfolgte jedoch nur für einzelne Nanopunkte.

Bisher gibt es kaum Untersuchungen, wie sich die lokalen Eigenschaften von regelmäßig angeordneten Nanopunkten auf die makroskopischen Eigenschaften der Materialien auswirken, wenn sie durch eine Elektrode zu einem Array verbunden werden. Dies ist für Sensoranwendungen und die Funktionalisierung von Oberflächen von besonderem Interesse. Ziele dieser Dissertation sind daher:

- die Herstellung von ferroelektrischen Nanostrukturen bzw. Nanopunktarrays mit hoher Reproduzierbarkeit und zielgenauen Abmessungen,

- die mikro- und makroskopische Untersuchung der Nanostrukturen und ihrer ferroelektrischen Eigenschaften,

- der Nachweis der Größeneffekte auf die ferroelektrischen Materialeigenschaften sowie

- die Verwendung von einfachen und kostengünstigen Herstellungsverfahren.

Im folgenden Kapitel 2 wird auf die Grundlagen der Ferroelektrika näher eingegangen. Dabei werden zuerst die physikalischen Grundlagen behandelt, anschließend verschiedene ferroelektrische Materialien, ihre Anwendungen und die Möglichkeiten der Charakterisierung vorgestellt. Kapitel 3 beschäftigt sich mit den Herstellungsverfahren von Nanostrukturen. Es wird ein Überblick über einige Bottom-Up- und Top-Down-Verfahren gegeben und auf hybride Herstellungsverfahren eingegangen.

Kapitel 4 stellt die durchgeführten Experimente dar. Das betrifft die Schichtherstellung und die Nanostrukturierung aber auch die Untersuchung der lokalen ferroelektrischen Eigenschaften mittels Piezokraft-Mikroskopie. Dies beinhaltet sowohl theoretische Betrachtungen und Analysen als auch praktische Messungen an Blei-Zirkonat-Titanat-Nanopunktarrays.

Die Auswertung der Experimente und die Diskussion der Ergebnisse erfolgt im Kapitel 5, bevor im Kapitel 6 eine Zusammenfassung und ein Ausblick gegeben werden.

2. FERROELEKTRIKA

Dieses Kapitel beschreibt die Grundlagen ferroelektrischer Materialien. Nach einer Definition der Materialklasse und einem kurzen historischen Abriss werden die physikalischen Ursachen für die Entstehung von ferroelektrischen Eigenschaften näher erläutert. Im Anschluss werden die besonderen, technisch relevanten Eigenschaften der Piezo- und Pyroelektrizität und die in dieser Arbeit verwendeten ferroelektrischen Materialien Blei-Zirkonat-Titanat (PZT) und Lithiumniobat (LNO) vorgestellt. In einem weiteren Abschnitt werden die praktischen Anwendungen näher betrachtet, bevor zum Schluss Möglichkeiten der Charakterisierung von ferroelektrischen Strukturen und der Stand der Technik zu Größeneffekten erläutert werden.

2.1. GRUNDLAGEN

Ferroelektrika gehören zu den polaren Materialien (Abb. 2.1). Das heißt, dass sie ohne ein äußeres elektrisches Feld polarisiert sind. Polarisierte Materialien besitzen mikroskopische Dipole, die bei einer Ausrichtung zu einer makroskopischen Polarisation führen können. Die Ausrichtung dieser lokalen Dipole kann sowohl durch chemische Wechselwirkungen mit sehr kleiner Reichweite, als auch durch physikalische Wechselwirkungen mit großer Reichweite erfolgen. Kommt es zu einer Orientierung der Dipole ohne ein äußeres elektrisches Feld, wird von spontaner Polarisation gesprochen.

Es existieren 32 kristallografische Punktgruppen, von denen elf ein Inversionszentrum besitzen und deshalb nach außen keine polaren Eigenschaften zeigen. Dies ist in der Symmetrie dieser elf Punktgruppen begründet, die keinerlei Vorzugsrichtungen ausbilden, da eine etwaige polare Richtung immer von einer exakt zu ihr entgegengesetzten Komponente kompensiert wird. Die restlichen 21 Punktgruppen, mit Ausnahme der Gruppe 432[1], besitzen kein Inversionszentrum und haben somit eine polare Vorzugsrichtung, welche die Ursache für Piezoelektrizität ist. Das heißt, dass bei diesen 20 Punktgruppen ein Zusammenhang zwischen der mechanischen Belastung und der elektrischen Energie der Kristalle besteht.

Von den 20 polaren Kristallsystemen besitzen zehn Punktgruppen eine polare Achse, wodurch eine spontane Polarisation in Richtung dieser Achse auftreten kann. Aber auch bei diesen Gruppen liegt eine polare Achse nur dann vor, wenn das Material eine Phase mit tetragonaler

---
[1] Bei Kristallen der Punktgruppe 432 sind aufgrund der Symmetrie alle Komponenten des piezoelektrischen Tensors Null.

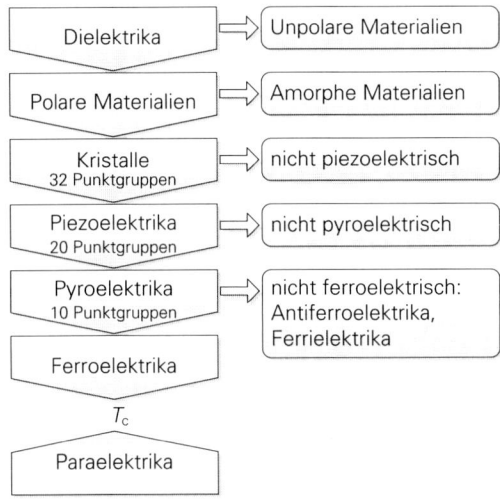

Abbildung 2.1.: Stammbaum der dielektrischen Materialien (nach [29]).

Struktur besitzt, in der das Zentralatom relativ zum geometrischen Schwerpunkt der Einheitszelle leicht verschoben ist. Die Verschiebung führt zur Ausbildung von Ladungsschwerpunkten in der Einheitszelle. Befindet sich das Zentralatom dagegen exakt im geometrischen Schwerpunkt, wirkt es als Inversionszentrum und die Ausbildung einer spontanen Polarisation ist nicht möglich.

Die spontane Polarisation hängt direkt mit der Bildung von Oberflächenladungen zusammen, die durch mechanische Spannungen und Verformungen, aber auch durch Temperaturänderungen beeinflusst werden. Letzteres wird Pyroelektrizität genannt (siehe Abschn. 2.3). Lässt sich die polare Achse durch Anlegen eines äußeren elektrischen Feldes in ihrer Richtung umschalten, wird in Anlehnung an den Ferromagnetismus von Ferroelektrizität gesprochen. Ferroelektrika

- weisen eine hohe Dielektrizitätszahl auf,
- besitzen eine durch ein äußeres elektrisches Feld umschaltbare Polarisationsrichtung in Form einer Hysterese und
- sind alle sowohl piezo- als auch pyroelektrisch [28].

Aufgrund dieser speziellen physikalischen Eigenschaften ergeben sich vielfältige technische Einsatzmöglichkeiten (siehe Abschn. 2.5). Bis allerdings die ersten kommerziellen Anwendungen nach der Entdeckung der Ferroelektrizität verfügbar waren, verging ein gutes halbes Jahrhundert.

2.1.1. GESCHICHTE

Tabelle 2.1 stellt im Überblick die Entwicklung ferroelektrischer Materialien zusammen. Die Ferroelektrizität wurde 1921 von VALASEK [30] in Kalium-Natrium-Tartrat-Tetrahydrat (NaKC$_4$H$_4$O$_6 \cdot$ 4 H$_2$O), besser bekannt als Rochelle- oder SEIGNETTE-Salz, entdeckt.

Im 19. Jahrhundert wurden die pyroelektrischen Eigenschaften des Rochelle-Salzes erstmalig systematisch wissenschaftlich erklärt [31] und später auch dessen piezoelektrische Eigenschaften [32] nachgewiesen. DEBYE und SCHRÖDINGER postulierten 1912 die Existenz von bestimmten Kristallgruppen, deren Strukturen ein permanentes dielektrisches Dipolmoment besitzen, und prägten den Begriff der Ferroelektrizität [33, 34]. Außerdem wurde in Analogie zu ferromagnetischen Materialien die sogenannte CURIE-Temperatur T_c eingeführt [35], die den Übergang zwischen ferro- und paraelektrischem Zustand markiert. Der paraelektrische Zustand ist gekennzeichnet durch eine zufällige Ausrichtung der Dipolmomente und besitzt daher keinerlei polare Eigenschaften. VALASEK selbst konnte erstmalig ferroelektrische Eigenschaften experimentell nachweisen. Außerdem stellte er Analogien zwischen ferroelektrischen und ferromagnetischen Größen und Eigenschaften auf und schlussfolgerte, dass eine natürliche, permanent vorhandene Polarisation vorliegen könnte [30].

In den folgenden Jahren wurden von SCHERRER und BUSCH noch weitere ferroelektrische Substanzen auf Basis von Kaliumdihydrogenphosphat (KH_2PO_4, KDP) vorgestellt [36]. Der Durchbruch erfolgte dann in den 1940er Jahren mit der Entdeckung der Ferroelektrizität in Keramiken mit Perowskit-Struktur, speziell in Bariumtitanat ($BaTiO_3$, BTO) [37, 38]. Die ferroelektrischen Keramiken führten dann zur ersten kommerziellen Anwendung als Kondensatordielektrikum mit hoher Dielektrizitätskonstante.

Ende der 40er Jahre wurde von DEVONSHIRE et al. die erste phänomenologische Theorie zur Beschreibung der Ferroelektrizität und der Phasenübergänge aufgestellt [39]. 1952 wurde von SHIRANE et al. erstmalig Blei-Zirkonat-Titanat ($Pb(ZrTi)O_3$, PZT) synthetisiert [40, 41]. In den darauffolgenden Jahren kamen immer weitere Anwendungen, wie zum Beispiel piezoelektrische Aktoren und pyroelektrische Sensoren, hinzu. Wegen der zunehmenden Verwendung in der Mikroelektronik sind in den letzten Jahrzehnten vorallem dünne Schichten zum Einsatz gekommen.

Tabelle 2.1.: Meilensteine bei der Entwicklung ferroelektrischer Materialien.

1824	Wissenschaftliche Untersuchung der Pyroelektrizität im Rochelle-Salz [31]
1880	Entdeckung der Piezoelektrizität in Rochelle-Salz, Quarz und weiteren Materialien (Gebrüder CURIE) [32]
1912	Beschreibung der Ferroelektrizität und der CURIE-Temperatur T_c [33, 34]
1920 ff.	Erste Anwendung: Ultraschall-Detektor für U-Boote [42, 43]
1921	Nachweis von Ferroelektrizität im Rochelle-Salz [30]
1937	Symmetrieänderung im Kristall bei der CURIE-Temperatur T_c [44]
1944	Ferroelektrizität in Perowskiten [37, 38]
1949	Phänomenologische Theorie für BTO [39, 45]
1950 ff.	Entdeckung von PZT [40, 41, 46]
1951	Struktur- und Eigenschaftsänderungen in der Nähe des Phasenübergangs ferroelektrischer Materialien [5]

2.1.2. POLARISATION

Bei Temperaturen oberhalb der Phasenübergangstemperatur T_c (CURIE-Temperatur) verhalten sich Ferroelektrika wie ganz normale dielektrische Materialien und werden als Paraelektrika bezeichnet. Wenn die Temperatur unter T_c sinkt, kann es zu einem strukturellen Phasenübergang kommen, der die Symmetrie im Kristall verändert. Im Falle von $PbZr_{0,6}Ti_{0,4}O_3$ kommt es beispielsweise zu einer Umwandlung der paraelektrischen kubischen Phase in eine ferroelektrische tetragonale Phase (Abb. 2.2). In der tetragonalen Phase ist der positive Ladungsschwerpunkt (gebildet durch die Kationen) relativ zum negativen Ladungsschwerpunkt (gebildet durch die Anionen) verschoben. Dies führt zu einem mikroskopischen elektrischen Dipolmoment in jeder einzelnen Einheitszelle und somit zu einer makroskopischen spontanen Polarisation des Materials. Darüber hinaus existieren zwei äquivalente Polarisationszustände $\pm P_s$ in Richtung der c-Achse der Einheitszelle. Durch ein äußeres elektrisches Feld kann zwischen diesen beiden äquivalenten Zuständen hin und her geschaltet werden.

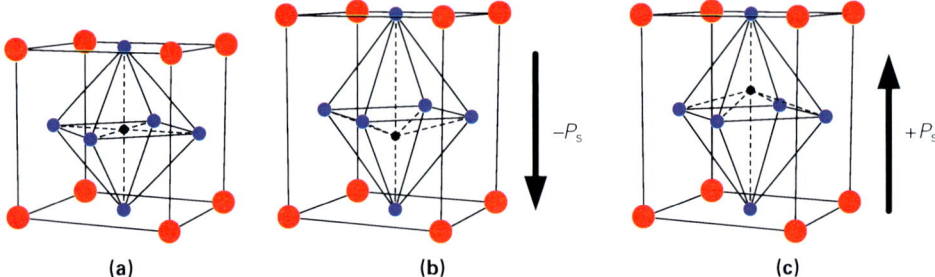

Abbildung 2.2.: Einheitszelle von PZT: (a) paraelektrisch kubische Phase, (b,c) ferroelektrisch tetragonale Phase mit $-P_s$ und $+P_s$. Die Ecken des Kubus sind mit Pb^{2+}-Ionen (rot), der Oktaeder mit O^{2-}-Ionen (blau) und das Zentralion (schwarz) mit einem Ti^{4+}- oder Zr^{4+}-Ion besetzt.

a. MIKROSKOPISCHE BETRACHTUNG

Die elektrische Polarisation ist ein Vektor, welcher die Dichte der permanenten oder induzierten elektrischen Dipolmomente in einem dielektrischen Material beschreibt [47]. Der Polarisationsvektor **P** ist dabei als die Summe der lokalen Dipolmomente **p** definiert:

$$\mathbf{P} = \sum_j n_j \mathbf{p}_j = \sum_j n_j \alpha_j \mathbf{E}_{\text{lokal}}(j), \tag{2.1}$$

mit der Dichte der Dipolmomente n_j, der dielektrischen Polarisierbarkeit α_j und der lokalen elektrischen Feldstärke $\mathbf{E}_{\text{lokal}}(j)$, die am Ort j des Dipols herrscht.

b. MAKROSKOPISCHE BETRACHTUNG

Makroskopisch betrachtet muss die POISSON-Gleichung erfüllt sein [48]. Das heißt, dass die Dichte aller freien Ladungen ρ der Divergenz der dielektrischen Verschiebung **D** entspricht:

$$\text{div}\,\mathbf{D} = \rho_{\text{frei}}. \tag{2.2}$$

Die Ladungsneutralität von Materialien in einem äußeren elektrischen Feld **E** wird durch

$$\mathbf{D} = \varepsilon_0 \mathbf{E} + \mathbf{P} \tag{2.3}$$

beschrieben. Hierbei ist ε_0 die makroskopisch messbare Permittivität des Vakuums und **P** die elektrische Polarisation des Materials. Es spielt dabei keine Rolle, wodurch diese Polarisation verursacht wird. In einem homogenen linearen und isotropen dielektrischen Material ist die Polarisation in Richtung des elektrischen Feldes **E** orientiert und proportional zu diesem. Wenn die Abhängigkeit zwischen **P** und **E** nicht linear proportional ist, wird von nicht linearen Materialien gesprochen. In ferroelektrischen Materialien zeigt sich zwischen **P** und **E** häufig ein Hystereseverhalten (vgl. Abschn. 2.1.3 und Abb. 2.6; S. 13). Außerdem sind die Materialien oftmals anisotrop, was bedeutet, dass elektrisches Feld und Polarisation nicht notwendigerweise in ein und derselben Richtung liegen müssen. Es gilt dann eine Beziehung zwischen den Raumrichtungskomponenten i der Polarisation und den Raumrichtungskomponenten j des elektrischen Feldes

$$P_i = \sum_j \varepsilon_0 \chi_{ij} E_j, \qquad (2.4)$$

wobei ε_0 die Permittivität des Vakuums und χ der elektrische Suszeptibilitätstensor sind. Die Gesamtpermittivität ε_{ij} ist als

$$\varepsilon_{ij} = \varepsilon_0 \sigma_{ij} + \chi_{ij}, \qquad (2.5)$$

mit dem Kronecker-Symbol[2] σ_{ij} gegeben. In der Praxis wird als Proportionalitätskonstante die relative Permittivität bzw. die materialspezifische dielektrische Konstante κ_{ij} (im eindimensionalen Fall wird oftmals ε_r verwendet) angegeben, welche im direkten Zusammenhang zur Permittivität steht:

$$\kappa_{ij} = \frac{\varepsilon_{ij}}{\varepsilon_0}. \qquad (2.6)$$

c. POLARISATIONSMECHANISMEN

Die Ursachen für die Entstehung der Polarisation können sehr unterschiedlich sein. In der Literatur werden entsprechend ihrer Herkunft häufig fünf verschiedene Arten der Polarisierbarkeit unterschieden [47, 49]:

Die elektronische Polarisierbarkeit α_{el} existiert in allen Dielektrika. Ohne ein elektrisches Feld ist die Elektronenwolke symmetrisch um den Atomkern verteilt. Wird nun ein Feld angelegt, verformt sich die Elektronenwolke und es kommt zur Verschiebung des negativen Ladungszentrum relativ zum positiven Ladungszentrum des Kerns. Dabei ergibt sich näherungsweise eine Proportionalität zwischen der elektronischen Polarisierbarkeit und dem Volumen der Elektronenwolke, das heißt Atome mit einer hohen Ordnungszahl besitzen eine große elektronische Polarisierbarkeit.

Die ionische Polarisierbarkeit α_{ion} existiert in ionischen Kristallen und beschreibt die Verschiebung der negativen und positiven Ionen relativ zueinander im elektrischen Feld.

Die Orientierungspolarisierbarkeit α_{or} beschreibt die Ausrichtung von permanenten Dipolen, wie sie zum Beispiel in Wassermolekülen von Natur aus vorkommen. Bei Raumtemperatur sind die Richtungen der permanenten Dipole zufällig verteilt, können aber durch ein elektrisches Feld entlang den Feldlinien ausgerichtet werden. Da in Festkörpern die Beweglichkeit der Dipole sehr eingeschränkt ist, tritt dieses Phänomen vorwiegend in Flüssigkeiten und Gasen auf. Dieser induzierten Ausrichtung wirkt die thermische Bewegung der Atome entgegen.

Die Raumladungspolarisierbarkeit α_{rl} tritt in dielektrischen Materialien mit frei beweglichen Ladungsträgern auf. Unter dem Einfluss eines elektrischen Feldes bewegen sich die freien Ladungsträger zu den entgegengesetzten Elektroden, bis sich ein Gleichgewichtszustand

---
[2]Kronecker-Symbol: $\sigma_{ij} = 1$ für $i = j$ und $\sigma_{ij} = 0$ für $i \neq j$.

zwischen den Elektroden und den entsprechenden Ladungsträgern einstellt. Diese Bildung von Ladungsschwerpunkten im Material führt makroskopisch zu einer Polarisation.

Die Domänenwandpolarisierbarkeit α_{dw} spielt in ferroelektrischen Materialien eine wichtige Rolle und trägt maßgebend zur dielektrischen Antwort bei. Beim Anlegen eines elektrischen Feldes streben die Domänen mit einer Dipolausrichtung parallel zu den Feldlinien zu einem Wachstum, wobei Domänen, die den Feldlinien entgegen wirken, schrumpfen oder sogar umgeschaltet werden können (siehe Abschn. 2.1.3).

Die gesamte Polarisierbarkeit des Kristalls ergibt sich aus den einzelnen Komponenten der verschiedenen Mechanismen. Es kann zwischen intrinsischer und extrinsischer Polarisierbarkeit unterschieden werden:

$$\alpha = \underbrace{\alpha_{el} + \alpha_{ion}}_{\text{intrinsisch}} + \underbrace{\alpha_{or} + \alpha_{rl} + \alpha_{dw}}_{\text{extrinsisch}}. \tag{2.7}$$

Die extrinsischen Anteile der Gesamtpolarisierbarkeit werden oftmals unter dem Begriff Dipolpolarisierbarkeit α_{dipol} zusammengefasst.

Die Komponenten sind sehr stark frequenzabhängig, so dass sich durch die Aufnahme eines Spektrums näherungsweise die einzelnen Komponenten bestimmen lassen. Orientierungs-, Domänenwand- und Raumladungspolarisierbarkeit zeigen ein Relaxationsverhalten, während ionische und elektronische Polarisierbarkeit Resonanzen besitzen. Bei niedrigen Frequenzen entspricht die Polarisierbarkeit dem statischen Wert (Abb. 2.3) [49].

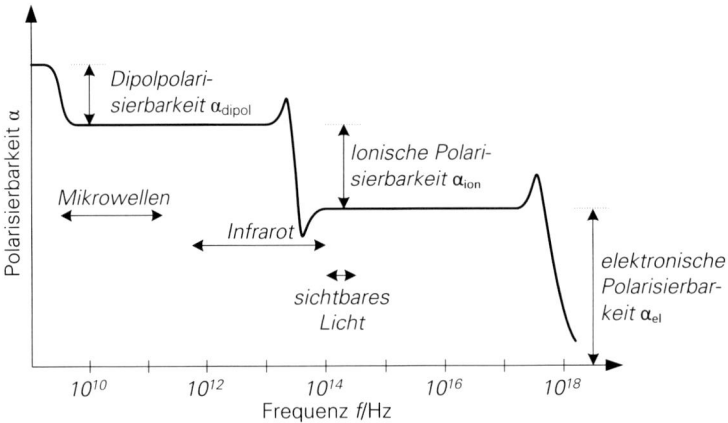

Abbildung 2.3.: Frequenzabhängigkeit der verschiedenen Anteile der Polarisierbarkeit (nach [49]).

2.1.3. FERROELEKTRISCHE DOMÄNEN

In einem tetragonalen ferroelektrischen Material wie PZT ist die Richtung der spontanen Polarisation nicht im gesamten Material einheitlich orientiert. Bereiche mit gleicher Orientierung werden als ferroelektrische Domänen bezeichnet und sind durch eine Domänenwand zu benachbarten Domänen abgegrenzt. Dabei werden entgegengesetzt ausgerichtete Domänen durch eine 180°-Wand, Bereiche mit senkrecht aufeinander stehender Polarisation durch eine 90°-Domänenwand getrennt. Die Breite einer 180°-Wand bewegt sich zwischen 1 nm und

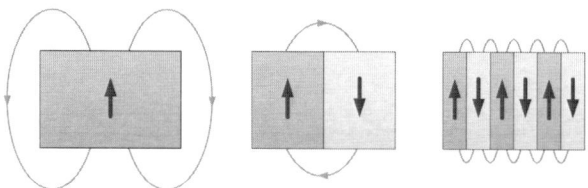

Abbildung 2.4.: Reduzierung des elektrischen Streufeldes durch die Bildung von Domänen (nach [52]).

10 nm [50]. Die Ursache für die Bildung von 180°-Wänden ist die elektrostatische Energie des Depolarisationsfeldes. Dieses Depolarisationsfeld wird durch Ladungen an der Oberfläche sowie Inhomogenitäten in der Polarisationsverteilung im Material erzeugt und ist der Polarisation des Materials entgegengerichtet.

Materialien streben immer nach einem Zustand geringster Energie, so auch ferroelektrische Kristalle. Würde ein Kristall nur aus einer einzigen Domäne bestehen, das heißt sämtliche Einheitszellen besäßen ein Dipolmoment in ein und derselben Richtung, würden sich an zwei gegenüberliegenden Enden des Kristalls jeweils entgegengesetzte Ladungsschwerpunkte ausbilden. Die Kompensation dieser Ladungsschwerpunkte erfolgt durch die Ausbildung eines elektrischen Feldes, dem sogenannten Streufeld oder Depolarisationsfeld, außerhalb des Kristalls. Durch die Bildung von einzelnen Domänen wird die mittlere Weglänge des äußeren Feldes drastisch reduziert, da nun entgegengesetzt geladene Bereiche (Domänen) benachbart sind (Abb. 2.4).

Berechnungen ergaben, dass das Streufeld bis zu 25 mal so groß wie das elektrische Feld, welches zum Schalten des Materials führt, ist [51]. Aus diesem Grund sind Kompensationsladungen für die Stabilität des Materials zwingend erforderlich. Die Domänen sind entgegengesetzt ausgerichtet, um Unstetigkeiten an den Domänengrenzen zu vermeiden. Der Domänenbildung wirken das elastische Belastungsfeld, freie Ladungsträger und die Bildung von Domänenwänden entgegen. Darüber hinaus wird die Bildung von Domänen durch Leerstellen, Versetzungen und Dotierungen beeinflusst.

In polykristallinen Volumenmaterialien wird das entstehende Domänenmuster durch die elastisch eingespannten Randbedingungen der Nachbarkörner beeinflusst. Aber lediglich Domänenanordnungen, die von 180° verschieden sind, ermöglichen die Reduktion der elastischen Energie. Bei tetragonalen Strukturen sind dies beispielsweise 90°-Domänen und bei rhomboedrischen Strukturen 71°- bzw. 109°-Domänen [53–55].

Ferroelektrische Dünnfilme zeigen mehrdomänige Muster. In Abb. 2.5 sind mögliche Domänenformationen für verschiedene Texturen von tetragonalem PZT dargestellt. Bei Druckbelastung ist die Polarisation vorwiegend in der (001)-Richtung senkrecht zur Oberfläche (out of Plane, oop) orientiert. Unter anderem kann eine solche Orientierung durch die Abscheidung von tetragonalem PZT auf Magnesiumoxidsubstraten erreicht werden. Unter dem Einfluss eines elektrischen Feldes wird die Anzahl der 180°-Domänen verringert und die resultierenden Muster bestehen vorwiegend aus 90°-Domänen. Eine Ausrichtung der Polarisation in der Ebene (in Plane, ip), also in (100)-Richtung, kann z.B. durch Zugbelastung mithilfe einer Pufferschicht aus Yttrium-stabilisiertem Zirkon und einer Oxidelektrode aus Lanthan-Strontium-Cobalt oder durch die Abscheidung auf ein (100)-Strontiumtitanat-Substrat mit einer Strontiumruthanat-Elektrode erreicht werden [56–59]. Das Verhalten beim Polen in einem äußeren elektrischen Feld ist

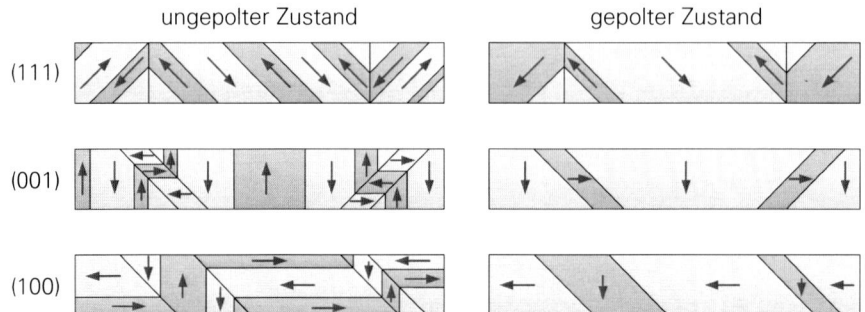

Abbildung 2.5.: Domänenstruktur in tetragonalem PZT mit unterschiedlicher Kristallorientierung. Durch das Anlegen eines elektrischen Feldes reduzieren sich die 180°-Domänenwände.

ähnlich dem von (001)-orientierten Schichten, nur dass die bevorzugte Richtung entlang der a-Achse orientiert ist. Standardmäßig wird PZT auf oxidierte Siliziumwafer mit einer Platinelektrode abgeschieden, wobei sich üblicherweise eine (111)-Orientierung ergibt [60–63]. Es gibt eine Reihe von Anzeichen dafür, dass Domänenwände in geschlossenen Filmen, die von 180° verschieden sind, generell unbeweglich sind und somit nicht geschaltet werden können [64]. Experimente haben gezeigt, dass Domänenwände beweglich werden, wenn diese zweiachsige Einspannung durch Strukturierung aufgehoben wird [65].

Je nach Ausrichtung können verschiedene Domänentypen unterschieden werden. Liegt die Polarisationsrichtung der einzelnen Domänen senkrecht zur Oberfläche (out of Plane), wird von c-Domänen gesprochen. Liegt sie dagegen in der Ebene (in Plane), werden diese als a-Domänen bezeichnet.

Wie in in Abb. 2.1 gezeigt, sind Ferroelektrika eine Untergruppe der Pyroelektrika. Ihre Besonderheit liegt in einer permanenten spontanen Polarisation, die sich durch ein elektrisches Feld umschalten lässt. Dieses Schalten erfolgt in Form einer Hysterese (Abb. 2.6) und verhält sich analog zu den Ferromagnetika, bei denen die Magnetisierung durch ein umgekehrtes magnetisches Feld geschaltet werden kann. Dennoch ist der grundlegende Mechanismus bei Ferroelektrika ein anderer. Es handelt sich um ein komplexes Phänomen, welches die polaren Verschiebungen durch Bindungswechselwirkung mit atomarer Reichweite und dipolare Wechselwirkung mit molekularer bzw. makroskopischer Reichweite beschreibt. Die parallele Ausrichtung von Dipolen wird durch dipolare Wechselwirkungen mit großer Reichweite verursacht. Dem entgegen wirken lokal begrenzte Kräfte, die einen unpolaren Zustand bevorzugen [66]. Die Korrelationslänge[3] für die polaren Wechselwirkungen beträgt ungefähr 10...50 nm entlang der polaren Achse, und 1...5 nm senkrecht dazu.

Wenn an einem Ferroelektrikum ein elektrisches Feld angelegt wird, orientieren sich Domänen, die nicht in Richtung des elektrischen Feldes ausgerichtet sind, in diese. Domänen mit umgekehrter Polarisation können neu entstehen und durch Domänenwandbewegung wachsen, bis sie sich mit anderen Domänen gleicher Orientierung verbinden. Die Polarisation, die im Material verbleibt, wenn das elektrische Feld abgeschaltet wird, wird remanente Polarisation P_r genannt. Das negative elektrische Feld $-E_c$, bei dem die gesamte Polarisation des Materials kompensiert ist, wird als Koerzitivfeldstärke bezeichnet. Wenn das elektrische Feld wieder über

---

[3]Die Korrelationslänge gibt die Reichweite der Wechselwirkungen an. Sie beschreibt also den Bereich gegenseitiger Beeinflussung.

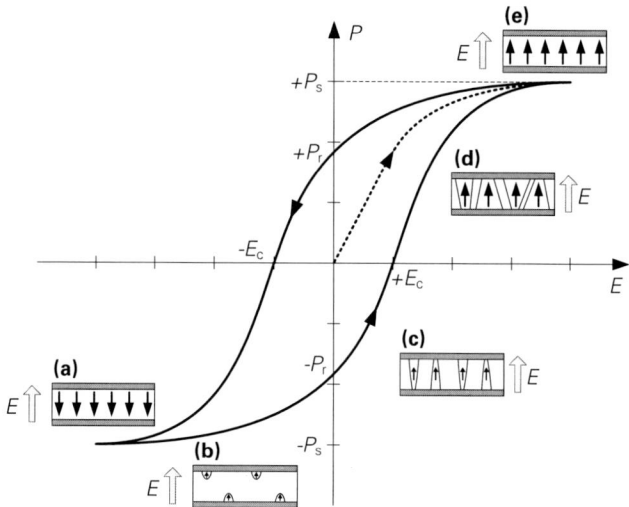

Abbildung 2.6.: Hysterese von ferroelektrischen Materialien und dabei auftretende Mechanismen des Domänenwachstums: (a) Anlegen eines elektrischen Feldes, (b) Keimbildung, (c) normales Wachstum, (d) laterales Wachstum und (e) abgeschlossene Polarisationsumkehr (nach [67]).

$+E_c$ steigt, bildet sich eine Hysteresekurve zwischen den beiden Werten $\pm P_s$ der spontanen Polarisation. P_s wird üblicherweise als der Schnittpunkt der Extrapolation des linearen Abschnitts der gesättigten Polarisationskurve mit der Ordinatenachse bei $E = 0$ definiert.

Das Umschalten zwischen den zwei remanenten Polarisationszuständen $\pm P_r$ führt nicht nur zu einem reinen Umschalten der Dipolmomente, sondern auch zum Wachsen bzw. Schrumpfen von einzelnen Domänen. Beim Anlegen eines elektrischen Feldes mit einer Feldstärke $E > E_c$ kommt es zur Bildung neuer Domänen an Grenzflächen und zu einem Wandern der Domänenwände (Abb. 2.6). Dadurch werden die makroskopischen Dipole neu ausgerichtet und es kommt zur Polung des Materials. Dieser Polarisationszustand kann durch das Anlegen eines entgegengesetzten elektrischen Feldes mit ausreichend hoher Feldstärke umgeschaltet werden. In Abb. 2.6 sind die typischen Mechanismen des Domänenwachstums dargestellt. An den Elektrodenflächen bilden sich zufällig neue Domänenkeime, die aufgrund der größeren Korrelationslänge zuerst in Richtung der gegenüberliegenden Elektrode wachsen. Im Anschluss erfolgt ein seitliches Wachstum, bis sich ein Gleichgewichtszustand einstellt und die Domänenstruktur stabil ist.

2.2. PIEZOELEKTRIZITÄT

Der Begriff Piezoelektrizität stammt vom griechischen Wort „piezein", was drücken oder pressen bedeutet. Alle ferroelektrischen Materialien sind auch piezoelektrisch. Der direkte piezoelektrische Effekt ist die Fähigkeit eines Materials, unter mechanischer Belastung eine spontane Polarisation zu zeigen (Abb. 2.7a). Dieser Effekt ist umkehrbar (indirekter piezoelektrischer Effekt). Dabei stellt sich durch das anliegende äußere elektrische Feld eine mechanische Verformung ein (Abb. 2.7b).

Für piezoelektrische Anwendungen sind einige Konstanten der ferroelektrischen Materialien

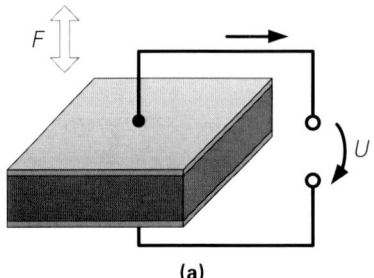 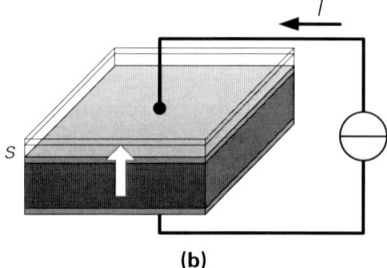

Abbildung 2.7.: (a) Direkter und (b) indirekter piezoelektrischer Effekt. *F* Kraft, *s* Auslenkung, *U* Spannung, *I* Strom.

von besonderer Wichtigkeit. Dazu gehören die Dielektrizitätszahl ε, der piezoelektrische Verzerrungskoeffizient (*d* oder *h*), der piezoelektrische Spannungskoeffizient (*g* oder *e*), die elastische Nachgiebigkeit *s* und der elektromechanische Koppelfaktor *k*. Die Glgn. (2.8) bis (2.11) definieren die piezoelektrischen Verzerrungs- und Spannungskoeffizienten [68],

$$d_{ij} = \left(\frac{\partial D_i}{\partial \sigma_j}\right)_E = \left(\frac{\partial S_i}{\partial E_j}\right)_\sigma \qquad (2.8)$$

$$h_{ij} = \left(-\frac{\partial E_i}{\partial S_j}\right)_D = \left(-\frac{\partial \sigma_i}{\partial D_j}\right)_S \qquad (2.9)$$

$$e_{ij} = \left(\frac{\partial D_i}{\partial S_j}\right)_E = \left(-\frac{\partial \sigma_i}{\partial E_j}\right)_S \qquad (2.10)$$

$$g_{ij} = \left(-\frac{\partial E_i}{\partial \sigma_j}\right)_D = \left(\frac{\partial S_i}{\partial D_j}\right)_\sigma \qquad (2.11)$$

mit der elektrischen Feldstärke *E*, der dielektrischen Verschiebungsdichte *D*, der mechanischen Spannung σ und der Verzerrung *S*. Der Index gibt die physikalische Größe an, die für die Messung der Koeffizienten konstant gehalten werden muss. Die erste Spalte gilt dabei für den direkten, die zweite für den indirekten piezoelektrischen Effekt.

Die Polarisation eines ferroelektrischen Materials ist das Ergebnis der applizierten mechanischen Spannung σ durch den direkten piezoelektrischen Effekt und des angelegten elektrischen Feldes *E* unter der Bedingung *T* = const. Die elektrische Verschiebung in einem ferroelektrischen Material kann also durch[4]

$$\{D\} = [d]\{\sigma\} + [\varepsilon^\sigma]\{E\} \qquad (2.12)$$

beschrieben werden. Analog dazu kann die Verformung des Materials durch das angelegte elektrische Feld *E* des indirekten piezoelektrischen Effekts und durch die mechanische Spannung σ wie folgt beschrieben werden:

$$\{S\} = [s^E]\{\sigma\} + [d]\{E\}. \qquad (2.13)$$

Die beiden Glgn. (2.12) und (2.13) stellen die sogenannten piezoelektrischen Zustandsgleichungen dar und beschreiben die piezoelektrische Antwort des Materials bei konstanter Temperatur.

---
[4]Zur besseren Unterscheidung sind Matrizen mit [ ] und Vektoren mit { } gekennzeichnet.

Zur Beschreibung der Materialeigenschaften wird die Tensorschreibweise verwendet. Der piezoelektrische Tensor d_{ij} besteht aus 18 unabhängigen Komponenten und wird üblicherweise als 3 × 6 Matrix dargestellt und ist wie folgt aufgebaut:

$$d_{ij} = [d] = \begin{pmatrix} d_{11} & d_{12} & d_{13} & d_{14} & d_{15} & d_{16} \\ d_{21} & d_{22} & d_{23} & d_{24} & d_{25} & d_{26} \\ d_{31} & d_{32} & d_{33} & d_{34} & d_{35} & d_{36} \end{pmatrix} \quad (2.14)$$

Der erste Index i der einzelnen piezoelektrischen Koeffizienten beschreibt die Ursprungsrichtung der Anregung und der zweite Index j gibt die Richtung der Wirkung an. Die Komponenten 1 bis 3 stehen für die Raumrichtungen senkrecht auf den Kristallflächen, während die Komponenten 4 bis 6 die Scherungen der einzelnen Flächen angeben (Abb. 2.8). Die meisten Kristalle sind durch ihren Aufbau und Symmetrie in gewissen Bewegungen eingeschränkt. Dies bedeutet, dass ein externes elektrisches Feld selten auf alle möglichen Bewegungsrichtungen eine Auswirkung hat. Vielmehr reduziert sich die Anzahl der unabhängigen Koeffizienten der Materialien aufgrund ihrer Symmetrie.

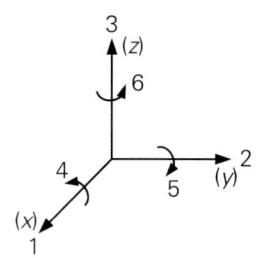

Abbildung 2.8.: Zuordnung der Indizes zu den einzelnen Richtungen.

2.3. PYROELEKTRIZITÄT

Von den 20 piezoelektrischen Kristallsystemen besitzen zehn eine polare Achse ohne eine zu ihr senkrechte Spiegelebene. Diese Materialien werden als Pyroelektrika bezeichnet. Pyroelektrizität beschreibt die Auswirkung von Temperaturänderungen auf die spontane Polarisation von Festkörpern, sowohl von Einkristallen als auch von polykristallinen Stoffen. Dabei steht das griechische Wort „pyro" für Wärme oder hohe Temperatur. Die Voraussetzung für Pyroelektrizität ist, dass die verschiedenen Einheitszellen oder Domänen ein elektrisches Dipolmoment besitzen.

Pyroelektrische Materialien besitzen eine spontane Polarisation durch die Ausrichtung der Dipole in den Elementarzellen. Dennoch ist eine Ladung an den Oberflächen der Materialien nicht zu beobachten, was darin begründet ist, dass Oberflächenladungen durch geladene Teilchen aus der Umgebung neutralisiert werden. Wenn nun ein pyroelektrischer Kristall erhitzt oder gekühlt wird, ändert sich durch dessen thermische Ausdehnung die spontane Polarisation. Bis die dadurch freiwerdenden Ladungsträger auf der Oberfläche erneut neutralisiert sind, vergeht etwas Zeit und die Ladung kann als pyroelektrischer Strom detektiert werden. Diese Umverteilung lässt sich beispielsweise mit einem Elekrometer messen, welches über zwei leitfähige Elektroden mit dem pyroelektrischen Material verbunden wird. Saubere pyroelektrische Kristalle im Vakuum behalten ihre Oberflächenladungen einige Tage lang [69].

Der pyroelektrische Effekt in Kristallen besteht aus zwei verschiedenen Effekten, dem primären oder echten pyroelektrischen Effekt und dem sekundären Effekt. Wenn ein Kristall geklemmt ist, so dass sich dessen Abmessungen während der Erwärmung nicht ändern können, wird der primäre pyroelektrische Effekt gemessen. Normalerweise ist ein Kristall aber nie in allen Richtungen geklemmt und es wird ein zusätzlicher Anteil des pyroelektrischen Effekts gemessen. Dieser durch Verformung verursachte Effekt ist meist weitaus größer als der primäre Effekt. In elektronischen Bauelementen finden beide Effekte Anwendung.

Der pyroelektrische Koeffizient p beschreibt den Zusammenhang zwischen der Temperaturänderung ΔT und der Änderung der spontanen Polarisation ΔP_s [70]:

$$\Delta P_s = p \Delta T^{E,\sigma} \quad \text{mit} \quad p^\sigma = p^\varepsilon + d^T \cdot c^{T,E} \cdot \alpha^\sigma, \tag{2.15}$$

mit dem gesamten gemessenen pyroelektrischen Effekt p^σ bei konstanter mechanischer Spannung σ. Dieser Gesamteffekt besteht aus einem Teil p^ε unter konstanter mechanischer Verformung, dem sogenannten primären pyroelektrischen Effekt und einem sekundären Teil, der durch die thermische Verformung des Materials verursacht wird (d^T piezoelektrischer Koeffizient, $c^{T,E}$ elastische Steifigkeit, α^σ thermischer Ausdehnungskoeffizient).

2.4. FERROELEKTRISCHE MATERIALIEN

In der Vergangenheit wurden eine Vielzahl von ferroelektrischen Materialien entdeckt und entwickelt. Allerdings konnten sich nur sehr wenige Materialien im kommerziellen Einsatz durchsetzten. Im Folgenden sind die wichtigsten kurz aufgelistet.

Einkristalle: Obwohl es einige piezoelektrische Kristalle, wie Quarz oder Rochelle-Salz, in der freien Natur gibt, werden die meisten praktisch genutzten Ferroelektrika synthetisch hergestellt. Um sie technisch nutzbar zu machen, müssen sie ausgerichtet und entlang einer speziellen kristallografischen Richtung geschnitten werden. Abbildung 2.9 zeigt die am häufigsten verwendeten Schnitte für einen Quarzkristall.

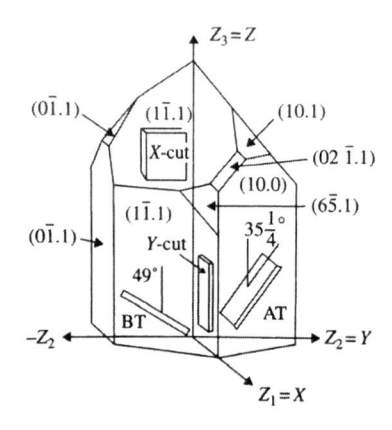

Abbildung 2.9.: Orientierung wichtiger Schnitte in einem Quarzkristall [71, S. 101].

Keramiken: Keramische Werkstoffe sind anorganisch, nichtmetallisch und überwiegend polykristallin. Sie werden meist aus einem Gemisch von keramischen Partikeln und organischen Lösungen hergestellt, indem sie bei hohen Temperaturen gesintert werden. Zur Herstellung von Dünnschichten werden spezielle Verfahren genutzt, die in Kapitel 3 genauer betrachtet werden.

Technische Relevanz haben vor allem oxidische Keramiken erlangt. Dazu gehört auch die industriell sehr wichtige Gruppe der sogenannten pseudo-kubischen Perowskit-Strukturen. Der Name stammt vom Mineral Calciumtitanat ($CaTiO_3$)[5]. Perowskite besitzen die allgemeine Formel ABO_3, wobei A ein Kation mit großem und B ein Kation mit kleinem Ionenradius sind.

Oft werden zwei verschiedene strukturelle Typen von Perowskiten unterschieden, $A^{2+}B^{4+}O_3$ und $A^{1+}B^{5+}O_3$. Das Kation B ist dabei von einem Oktaeder aus Oxidionen umgeben, die sich flächenzentriert auf dem Würfel befinden (Abb. 2.2; S. 8).

Besondere Bedeutung als polykristalline, ferroelektrische Keramik hatte zuerst Bariumtitanat ($BaTiO_3$, BTO) erlangt, da es sich als überlegene Alternative zu den bisher verwendeten Einkristallen erwies. Ein weiterer wichtiger Vertreter dieser Gruppe ist Blei-Zirkonat-Titanat ($Pb(Zr_xTi_{1-x})O_3$, PZT). Dabei ist das Zentralatom wahlweise Zirkonium oder Titan. Durch Einstellung des stöchiometrischen Verhältnisses x können die Materialeigenschaften beeinflusst werden (siehe Abschn. 2.4.1).

Dünnfilme: Ferroelektrische Dünnfilme profitieren neben den besonderen dielektrischen, pyroelektrischen, piezoelektrischen und elektro-optischen Eigenschaften ferroelektrischer Materialien auch von der Flexibilität dünner Filme. In erster Linie eigenen sich dabei Perowskite wie BTO, $PbTiO_3$ (PT), PZT, $(PbLa)(ZrTi)O_3$ (PLZT), $KNbO_3$, $K(TaNb)O_3$. Als nicht perowskitische ferroelektrische Dünnfilme eignen sich beispielsweise $Bi_4Ti_3O_{12}$, $(SrBa)Nb_2O_6$ und $(PbBa)Nb_2O_6$.

Für eine einfache Integration von dünnen Filmen in elektronische Systeme ist es wünschenswert, dass die ferroelektrischen Eigenschaften des Films denen des Volumenmaterials nahe kommen. Besonders wichtig sind dabei Stöchiometrie, Kristallinität, Dichte, Mikrostruktur und kristallografische Orientierung der abgeschiedenen Schichten.

Typischerweise unterscheiden sich jedoch die dielektrischen Eigenschaften in dünnen Filmen von denen im Volumenmaterial. Als Beispiel sei hier die Permittivität angeführt, die in den meisten Filmen sehr viel kleiner ist [72, 73]. Die Gründe dafür können vielfältig sein. So spielen die ultrafeinen Korngrößen, die geringere Dichte und die mechanischen Spannungen zwischen Substrat und abgeschiedenen Schichten eine entscheidende Rolle. Darüber hinaus besitzen dünne Filme oftmals sehr hohe dielektrische Verluste. Auch die CURIE-Temperaturen der Volumenmaterialien sind selten mit denen von Dünnfilmen vergleichbar [74, 75]. Die Effekte bei der Miniaturisierung werden im Abschn. 2.7 näher betrachtet.

Komposite: Piezoelektrische Keramiken auf der Basis von PZT sind sehr weit verbreitet und werden aufgrund ihrer hohen piezoelektrischen Koeffizienten in beinahe allen elektromechanischen Wandlern eingesetzt. Dennoch besitzen PZT-Keramiken eine sehr geringe hydrostatische Sensitivität, da die Verteilung der Koeffizienten d_{33} und d_{31} zu einer Kompensation der hydrostatischen Antwort führt. Dieser Effekt kann durch die Kombination von PZT mit einer weiteren Phase (zum Beispiel mit einem Polymer) reduziert werden und führt zu einer Steigerung der

---

[5] Das Mineral $CaTiO_3$ wurde von seinem Entdecker Gustav Rose nach dem russischen Politiker und Mineralogen Lew Alexejewitsch Perowski benannt. Heute wird allgemein die Stoffklasse mit der Formel ABO_3 als Perowskit-Struktur beschrieben, obwohl sich mittlerweile gezeigt hat, dass das ursprüngliche Mineral $CaTiO_3$ aufgrund des geringen Ionenradius von Ca^{2+} eine leicht verzerrte Struktur besitzt.

piezoelektrischen Sensitivität [76–78]. Die Kombination piezoelektrischer Keramiken mit weichen Polymeren hat den Vorteil, dass die sonst sehr biegesteifen Keramiken eine gewisse Flexibilität erhalten und die piezoelektrische Antwort verstärkt wird. Die am häufigsten eingesetzten Komposite sind die sogenannten 1–3-Komposite, bestehend aus längsgepolten keramischen Stäbchen in einer Polymermatrix. Die flexible Matrix reduziert außerdem die inneren Spannungen zwischen dem weichen Polymer und der biegesteifen Keramik und damit das Übersprechen zwischen den einzelnen ferroelektrischen Elementen [79, 80]. Dadurch kann die akustische Impedanz des Bauelements dramatisch verringert werden.

2.4.1. BLEI-ZIRKONAT-TITANAT (PZT)

a. VERWENDUNG

Seit der Entdeckung von Blei-Zirkonat-Titanat ($Pb(Zr_xTi_{1-x})O_3$, PZT) im Jahr 1952 kam es zu einer rasanten Entwicklung von Anwendungen, da dieses neue Material bisher nicht erreichte piezoelektrische, pyroelektrische und ferroelektrische Eigenschaften aufwies. Die Eigenschaften sind sehr stark von der chemischen Zusammensetzung und der kristallografischen Orientierung abhängig:

- Für pyroelektrische Anwendungen eignen sich insbesondere $Pb(Zr_xTi_{1-x})O_3$-Gemische mit $x = 0{,}25\ldots 0{,}4$, da diese Verbindungen besonders hohe pyroelektrische Koeffizienten besitzen [81].

- Für piezoelektrische Anwendungen gibt es wiederum ein Maximum für die piezoelektrischen Koeffizienten an der morphotropen Phasengrenze bei einer Zusammensetzung mit $x = 0{,}52$. Als kristallografische Orientierung wird die (111)-Richtung bevorzugt, da diese eine besonders hohe Polarisation aufweist.

Obwohl PZT Blei enthält, ist es bis heute eines der leistungsfähigsten und besten Materialien für Anwendungen in Aktoren und Sensoren. Seit einigen Jahren wird intensiv an neuen bleifreien Materialien als Alternative zu PZT geforscht. Allerdings konnte bisher kein Material gefunden werden, dass ähnlich gute Eigenschaften aufweist.

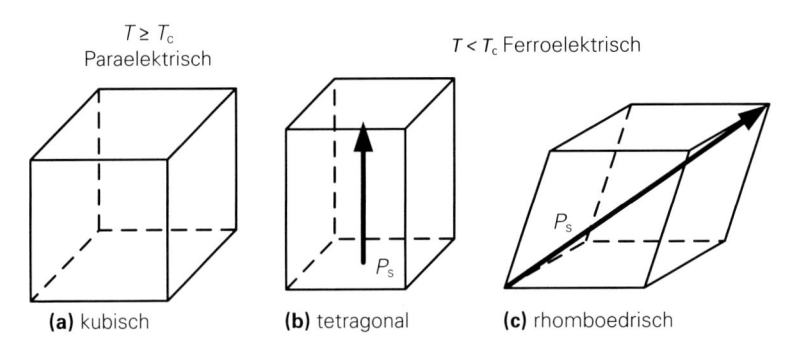

Abbildung 2.10.: Einheitszelle von PZT im paraelektrischen (a) und ferroelektrischen Zustand (b,c).

b. KRISTALLSTRUKTUR

PZT ist ein keramisches Oxid, das strukturell zur Gruppe der Perowskite des $A^{2+}B^{4+}O_3$-Typs gehört, bei dem die A-Plätze durch Pb^{2+}-Ionen und das Zentralion B entweder durch Ti^{4+} oder Zr^{4+} besetzt sind. Abbildung 2.2a (S. 8) zeigt die Perowskitstruktur von PZT oberhalb der CURIE-Temperatur T_c als kubische Einheitszelle. Das Zentralatom ist pseudo-kubisch-raumzentriert angeordnet, da es sich direkt im Zentrum des Würfels befindet, so dass keinerlei elektrisches Dipolmoment entsteht. Die Einheitszelle befindet sich im paraelektrischen Zustand.

Unterhalb der CURIE-Temperatur führen Verschiebungen der Ionen zu einer Trennung der positiven und negativen Ladungsschwerpunkte und es kommt zur Bildung eines elektrischen Dipols. Durch die Verschiebung tritt außerdem eine Ausdehnung der Einheitszelle entlang der Polarisationsachse auf. Die Abb. 2.10b,c zeigen die tetragonale und die rhomboedrische Struktur der Einheitszelle unterhalb von T_c. In der tetragonalen Phase liegt die Polarisation entlang einer der sechs $\langle 001 \rangle$-Richtungen, während sie in der rhomboedrischen Phase entlang einer der acht $\langle 111 \rangle$-Richtungen liegt. Ein elektrisches Feld kann zu einer Umorientierung der spontanen Polarisation entlang einer der äquivalenten Polarisationsrichtungen führen. Materialien mit Perowskitstruktur gehören der Punktgruppe $4mm$ an, bei der sich der allgemeine piezoelektrische Tensor aus Glg. (2.14) wie folgt vereinfacht:

$$d_{ij} = \begin{pmatrix} 0 & 0 & 0 & 0 & d_{15} & 0 \\ 0 & 0 & 0 & d_{15} & 0 & 0 \\ d_{31} & d_{31} & d_{33} & 0 & 0 & 0 \end{pmatrix}. \qquad (2.16)$$

Tabelle 2.2.: Piezoelektrische Koeffizienten [pm/V] von PZT und PT.

Typ	d_{31}	d_{33}	d_{15}	Ref.
PZT-4	−192	285	495	[82]
PZT-5H	−274	593	741	[82]
PZT-8	−27	225	330	[82]
PZT (45/55)	−65	106	–	[83]
PZT (52/48)	−93,5	223	495	[84]
PZT (60/40)	−44	84	–	[83]
PT	−25	117	62	[71]

c. PHASENDIAGRAMM

PZT ist ein Mischkristall aus Bleizirkonat ($PbZrO_3$, PZ) und Bleititanat ($PbTiO_3$, PT). Bleititanat besitzt bei Zimmertemperatur eine spontane Polarisation von $50\,\mu C/cm^2$ und eine CURIE-Temperatur von 490°C. Bleizirkonat hat eine CURIE-Temperatur von 230°C und ist ein Antiferroelektrikum[6]. Durch Mischung lassen sich die spontane Polarisation und T_c gezielt einstellen. In Abb. 2.11 ist das Phasendiagramm für PZT dargestellt. Die obere Kurve zeigt den Verlauf der CURIE-Temperatur T_c an. Oberhalb dieser Kurve sind sämtliche Zusammensetzungen paraelektrisch. Wird T_c unterschritten, hängt die Phase von der Zusammensetzung des PZT ab.

---

[6]Antiferroelektrika bilden sich, wenn sich die Ionen ohne äußeres elektrisches Feld beim Übergang aus der paraelektrischen Phase nicht parallel, sondern antiparallel zueinander verschieben. Die resultierende Polarisation des Materials ist daher Null.

Bei einem Verhältnis Zr/Ti von 52/48 findet der Übergang zwischen der tetragonalen und der rhomboedrischen Phase statt, wobei sowohl tetragonale als auch rhomboedrische Phasen gleichzeitig vorliegen. Sie wird deshalb auch morphotrope Phasengrenze (Morphotropic Phase Boundary, MPB) genannt.

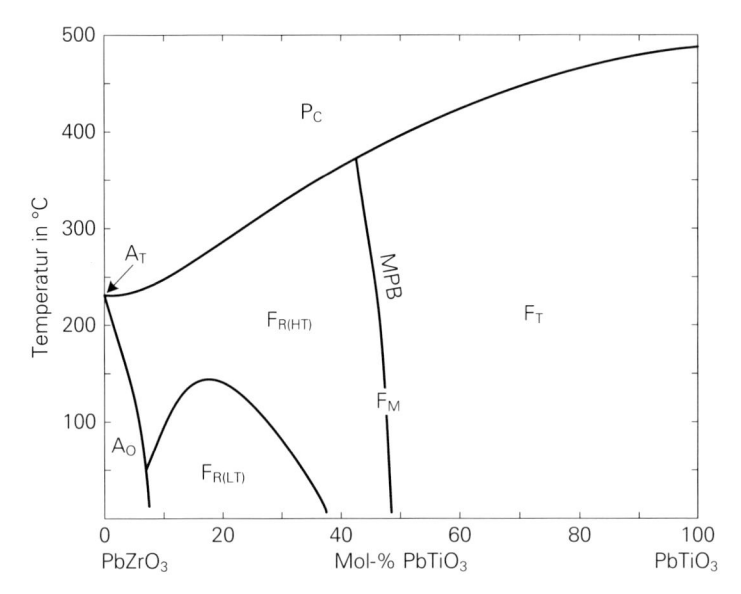

Abbildung 2.11.: Phasendiagramm von PZT-Mischkristallen nach [84].
Paraelektrische Phase: P_C kubisch;
Ferroelektrische Phase: F_T tetragonal, F_R rhomboedrisch, F_M monoklin;
Antiferroelektrische Phase: A_O orthorhombisch, A_T tetragonal;
HT Hochtemperatur, LT Niedertemperatur;
MPB morphotrope Phasengrenze.

2.4.2. LITHIUMNIOBAT (LNO)

Lithiumniobat (LiNbO$_3$, LNO) ist ein künstlich gezüchteter, transparenter, kristalliner Feststoff. Die Herstellung erfolgt überwiegend mittels Czochralski-Verfahren aus einer Schmelze aus Lithiumoxid und Niob(V)-oxid. Die Hauptanwendung stellen dabei integrierte, nicht lineare optische Bauelemente dar, wozu sich LNO aufgrund der hervorragenden optischen, piezo-elektrischen, elektro-optischen, elastischen und lichtbrechenden Eigenschaften besonders eignet [85]. Dieses ferroelektrische Material kristallisiert unterhalb der CURIE-Temperatur von ca. 1210°C in einem trigonalen Kristallsystem.

Da der Lithiumniobatkristall eine $3m$-Punktsymmetrie besitzt, müssen sämtliche Tensoren, die die Eigenschaften des Kristalls beschreiben, ebenfalls mindestens diese Symmetrie aufweisen. Daher vereinfacht sich der allgemeine Tensor gemäß Glg. (2.14) zu:

$$d_{ij} = \begin{pmatrix} 0 & 0 & 0 & 0 & d_{15} & -2d_{22} \\ -d_{22} & d_{22} & 0 & d_{15} & 0 & 0 \\ d_{31} & d_{31} & d_{33} & 0 & 0 & 0 \end{pmatrix}. \qquad (2.17)$$

Es gilt dabei $d_{15} = d_{24}$, $d_{22} = -d_{21} = -d_{16}/2$ und $d_{31} = d_{32}$. Der piezoelektrische Effekt im Lithiumniobat kann also mit nur vier unabhängigen Koeffizienten d_{15}, d_{22}, d_{31} und d_{33} beschrieben werden (Tabelle 2.3).

Tabelle 2.3.: Piezoelektrische Koeffizienten [pm/V] von LNO.

d_{15}	d_{22}	d_{31}	d_{33}	Ref.
69,2	20,8	−0,85	6	[86]
68	21	−1	6	[87]
74	21	−0,87	16	[88]
77	17	1,3	6,6	[89]

2.5. ANWENDUNGEN

Ferroelektrische Materialien besitzen eine Vielzahl von Anwendungen und sind heutzutage schon in einer großen Anzahl von Alltagselektronik im Einsatz. Der große Erfolg dieser Materialien beruht auf den piezoelektrischen, pyroelektrischen, ferroelektrischen, elektrostriktiven und elektro-optischen Eigenschaften. Diese Eigenschaften lassen sich bei den meisten Ferroelektrika in einem gewissen Bereich einstellen. Entscheidend dabei ist aber auch die einfache und verlässliche Integrierbarkeit der Volumenmaterialien oder Dünnschichten in elektronische Bauelemente. Besonders wichtig sind dabei eine freie Formgebung und eine hohe mechanische Belastbarkeit. Für medizinische und biologische Anwendungen spielt die Stabilität und die chemische Inaktivität eine wichtige Rolle. Neben diesen funktionalen und technologischen Anforderungen müssen Ferroelektrika resistent gegenüber

- Ermüdung[7] (Fatigue),
- Imprint[8],
- Materialalterung,
- Relaxation und
- dielektrischem Durchbruch sein.

Besonders keramische Ferroelektrika erfüllen viele dieser Kriterien sehr gut. Ihre einfache Integrierbarkeit, kompakte Größe, niedrigen Kosten und hohe Zuverlässigkeit machen sie zu einem sehr attraktiven Material (Abb. 2.12). Je nach Anwendung wird dabei auf einkristalline Volumenmaterialien oder auf dünne Schichten zurückgegriffen. Insbesondere letztere weisen einige besondere Vorteile gegenüber Volumenmaterialien auf:

- niedrigere Betriebsspannungen,
- Größen- und Gewichtseinsparung,
- bessere Integrierbarkeit in Standard-Siliziumprozesse und
- damit niedrige Herstellungskosten.

---

[7]Ermüdung ist der Verlust der remanenten Polarisation durch wiederholte Schaltvorgänge.
[8]Imprint ist die Verschiebung der Hysterese entlang der Achse des elektrischen Feldes. Dies geschieht beispielsweise, wenn ein Polarisationszustand über einen längeren Zeitraum beibehalten wird.

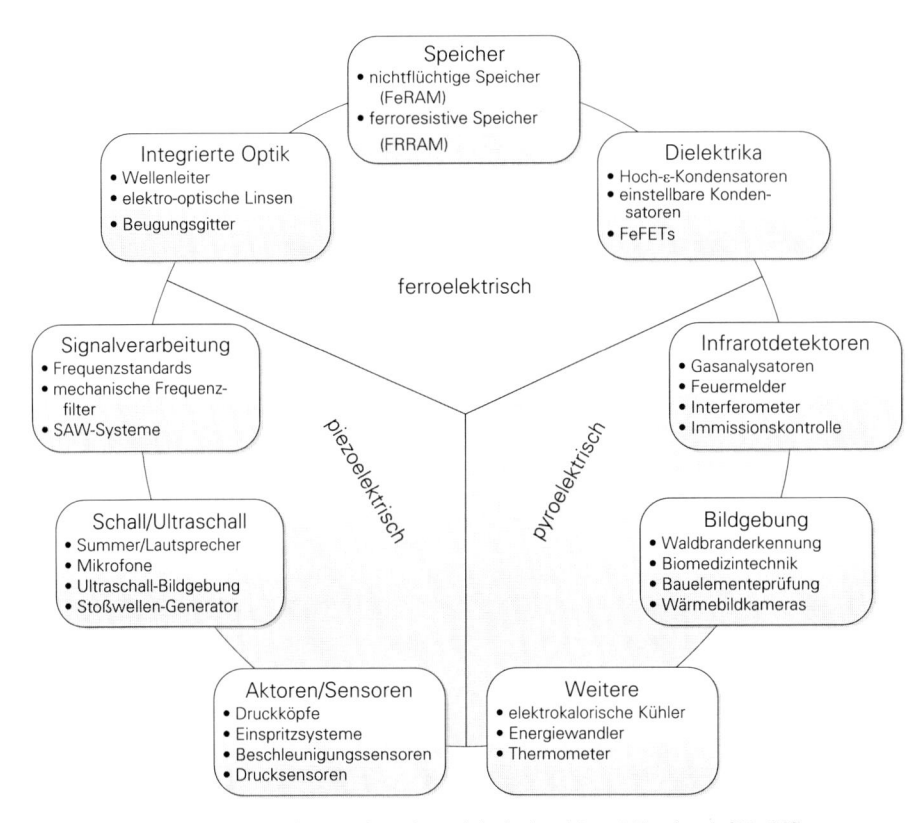

Abbildung 2.12.: Anwendung ferroelektrischer Materialien (nach [90–92]).

2.5.1. DIELEKTRIKA FÜR ELEKTRONISCHE BAUELEMENTE

Hoch-ε-Dielektrika besitzen eine größere Dielektrizitätszahl als Siliziumdioxid, was bei gleicher Kapazität zu einer Verringerung der notwendigen Schichtdicke in mikroelektronischen Bauelementen führt (Tabelle 2.4). Dadurch können Verlustströme minimiert werden. Außerdem sind geringere Abmaße möglich, was für die fortschreitende Miniaturisierung ein entscheidender Vorteil ist.

Tabelle 2.4.: Dielektrizitätskonstanten ε_r ausgewählter ferroelektrischer Materialien bei Raumtemperatur.

Material	ε_r	Material	ε_r
SiO_2	3,9	$CaTiO_3$	150 – 180
Si_3N_4	7	$BaTiO_3$	$10^2 - 10^3$
Al_2O_3	9	PZT	$10^2 - 10^3$

2.5.2. PIEZOELEKTRISCHE AKTOREN

Piezoelektrische Aktoren beruhen auf dem inversen piezoelektrischen Effekt und wandeln gemäß Glg. (2.13) das elektrische Signal in eine mechanische Verformung um. Dabei kommen vor allem der Quereffekt über den d_{31}-Koeffizienten und der Längseffekt infolge des d_{33}-Koeffizienten zum Einsatz. Im Vergleich zu elektromagnetischen Aktoren besitzen sie sehr hohe Kraftdichten und sind hochdynamisch, was sie besonders für die aktive Schwingungsdämpfung, hochgenaue Positionierungssysteme und Ultraschallanwendungen interessant macht [93–95]. Sie können direkt angesteuert werden und lassen sich durch ein elektrisches Signal sehr präzise kontrollieren. Im Vergleich zu konventionellen Aktoren sind sie aber sehr kostenintensiv.

2.5.3. PYROELEKTRISCHE SENSOREN

Pyroelektrische Sensoren nutzen den Effekt der Polarisationsänderung durch Wärmeinstrahlung und eignen sich daher für die berührungslose Temperaturmessung, Bewegungsmeldern und Wärmebildkameras. Durch die Bestimmung des Transmissions- und Absorptionsverhalten von Gasen lassen sich mithilfe von pyroelektrischen Sensoren außerdem Gase analysieren [81, 91, 96, 97].

2.5.4. FeRAM

Ein Anwendungsgebiet von Ferroelektrika mit großem Zukunftspotenzial ist der Bereich der Datenspeicherung. Durch den Aufbau eines Plattenkondensators mit einem Ferroelektrikum zwischen zwei Elektroden besteht die Möglichkeit diesen Kondensator zwischen den beiden Polarisationszuständen nicht flüchtig hin- und herzuschalten. Solche Speicher werden als ferroelektrische RAMs (Random-access Memories) oder kurz FeRAMs bezeichnet [2, 3, 98]. Diese FeRAMs besitzen gegenüber anderen Speichertechnologien, wie z.B. Flash-Speichern, den Vorteil eines geringeren Stromverbrauchs – und damit einer geringeren Verlustwärme – sowie höhere Schaltgeschwindigkeiten. Die größte Herausforderung bei der Entwicklung von neuen ferroelektrischen Speichern ist die Integration der neuen Materialien in den Standard-CMOS-Prozess, da die Ferroelektrika oftmals nicht mit den hohen Reinheitsanforderungen der Halbleiterherstellung vereinbar sind. Darüber hinaus besteht noch Bedarf an der weiteren Erforschung des Verhaltens von ferroelektrischen Schichten im Nanometerbereich. Ein Großteil der Forschung zu nanostrukturierten ferroelektrischen Materialien verfolgt das Ziel, das Verhalten sehr kleiner Strukturen zu analysieren und reproduzierbar vorauszusagen. Hier wurden in den letzten Jahren erhebliche Erfolge erzielt. So werden Bitdichten von bis zu $23{,}6 \times 10^{12}$ Bits/cm^2 vorausgesagt [4].

2.5.5. ANWENDUNGEN VON FERROELEKTRISCHEN NANOPARTIKELN

Ferroelektrische Nanopartikel haben im Vergleich zu metallischen Nanopartikeln eine Vielzahl zusätzlicher physikalischer Eigenschaften, die in vielen Bereichen potenziell Anwendung finden können [99]. Tabelle 2.5 stellt fünf ausgewählte Anwendungsgebiete und einige Beispiele dar.

Insbesondere das Einbetten von ferroelektrischen Partikeln in eine Polymermatrix ermöglicht Verbundstoffe herzustellen, die die Eigenschaften der beiden Materialien miteinander verbinden. Die Matrix ermöglicht die Fixierung der Partikel in einer regelmäßigen dreidimensionalen Anordnung, außerdem können die optischen und elastischen Eigenschaften der Matrix genutzt werden.

Tabelle 2.5.: Anwendungsgebiete und -beispiele ferroelektrischer Nanopartikel [99].

Gebiet	Beispiele	Referenzen
Kondensatoren	miniaturisierte Keramikvielschicht-Kondensatoren (MLCCs)	[100]
Nanokomposite	Kondensatoren mit hoher Energiedichte, eingebettete Kondensatoren, Gateisolator in organischen Feldeffekttransistoren	[101]
Elektro-Optik	schaltbare Linsen, Displays, optische Strahlablenkung, 3D-Lichtmodulatoren, einstellbare Filter	[102, 103]
Biologie	Fluoreszenzmarker, Antikörperträger	[104–106]
Medizin	medizinische Bildgebung, Prothesen, Gewebezüchtung, gezielte Pharmakotherapie, Verbandsmittel	[107–110]

Die Partikel selbst verfügen über interessante elektrische Eigenschaften, wie beispielsweise eine sehr hohe Permittivität.

Darüber hinaus werden ferroelektrische Nanopartikel auf ihre Tauglichkeit im Bereich der medizinischen Bildgebung untersucht. Beispielsweise erhöhen Nanopartikel den Kontrast bei bildgebenden Verfahren, die auf der Frequenzverdopplung beruhen. Dies ermöglicht die Untersuchung von tiefen Gewebeschichten *in vitro* und *in vivo* [111], was für die Vorsorgeuntersuchungen bei Erbkrankheiten und Krebs sehr wichtig ist [112].

2.6. CHARAKTERISIERUNG

Bei der Charakterisierung von ferroelektrischen Materialien muss zwischen qualitativen und quantitativen Verfahren unterschieden werden. Prinzipiell kann jedes qualitative Verfahren durch eine geeignete Kalibrierung auch quantitative Ergebnisse liefern, doch dies ist besonders bei dünnen Schichten und Nanostrukturen nicht ohne weiteres möglich. Qualitative Verfahren reichen aus, um die Domänenstruktur sichtbar zu machen und eventuelle Veränderungen, wie Domänenbewegungen, zu beobachten. Im einfachsten Fall können die unterschiedlichen Ätzraten der einzelnen Domänen ausgenutzt werden, um die Domänenstruktur des Materials an der Oberfläche sichtbar zu machen und unter dem Raster-Elektronen-Mikroskop (REM) auszuwerten.

Die quantitative elektrische Charakterisierung von ferroelektrischen Materialien ist wichtig, um ihre Verwendbarkeit für ferroelektrische Speicher, piezo- und pyroelektrische Sensoren und Aktoren sowie andere Anwendungen abzuschätzen und untereinander zu vergleichen. Die wichtigsten Kennwerte für ferroelektrische Materialien sind:

- remanente Polarisation,
- Koerzitivfeldstärke,
- Schaltzeit,
- Ermüdung und
- Leckströme.

2.6.1. MESSUNG DER FERROELEKTRISCHEN HYSTERESE

Die Messung der P–E-Hysterese erfolgt meistens mit der Sawyer-Tower- oder der Shunt-Methode [52].

a. SAWYER-TOWER-METHODE

Die Sawyer-Tower-Messmethode [113] basiert auf der Messung einer Ladung im Vergleich zu einem Referenzkondensator C, der in Reihe zur Probe geschaltet ist. Hierfür wird das ferroelektrische Material mit der Kapazität C_{ferro} durch zwei Elektroden kontaktiert und somit ein Plattenkondensator aufgebaut (Abb. 2.13a). Der Spannungsabfall über dem Referenzkondensator C ist dann direkt proportional zur Polarisationsladung Q. Aufgrund der Verschaltung besteht ein Zusammenhang zwischen der Spannung U über dem Referenzkondensator und der Spannung U_{ferro} der zu messenden Probe. Wenn U weiter steigt, sinkt U_{ferro}. Aus diesem Grund muss C für jede Probe entsprechend angepasst werden und sollte möglichst groß gewählt werden. Der Nachteil liegt in der begrenzten Genauigkeit der Referenzkondensatoren.

b. SHUNT-METHODE

Bei der Shunt-Methode wird der Referenzkondensator C der Sawyer-Tower-Messschaltung durch einen Widerstand (Shunt-Widerstand) R ersetzt (Abb. 2.13b). Hierbei wird der Strom I indirekt durch Messung des Spannungsabfalls U über dem Referenzwiderstand R gemessen. Dabei werden der Schaltstrom I_s und durch Aufintegrieren auch die Polarisationsladung Q ermittelt. Es bestehen ähnliche Probleme wie bei der Sawyer-Tower-Schaltung. Obwohl genauere Präzisionswiderstände zur Verfügung stehen, müssen diese ebenfalls an die Kapazität der zu messenden Probe angepasst werden. Erschwerend kommt hinzu, dass auch die Anregungsfrequenz den Spannungsabfall über dem Widerstand beeinflusst, der mit steigender Frequenz ebenfalls ansteigt. Für große Proben liefert diese Methode sehr gute Ergebnisse, aber bei der Messung von kleinen ferroelektrischen Proben überwiegen die parasitären Kapazitäten und die Methode ist ungenau.

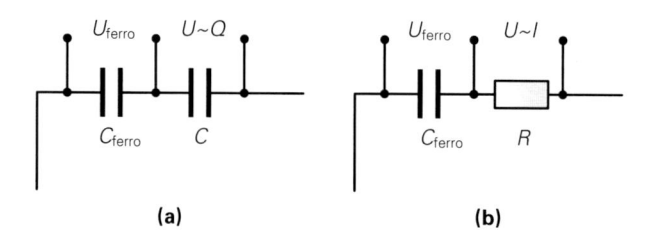

Abbildung 2.13.: Schaltungen zur Messung der ferroelektrischen Hysterese: (a) Sawyer-Tower- und (b) Shunt-Messmethode (nach [52]).

2.6.2. RASTERKRAFT-MIKROSKOPIE

Die bisher dargestellten Methoden haben einen entscheidenden Nachteil: Sie sind nur sehr schwer oder gar nicht für dünne Schichten oder gar Nanostrukturen anwendbar. Um eine wirklich genaue Aussage über das Verhalten von Nanostrukturen zu bekommen, sind entsprechende lokal – auf der Nanometerskala – auflösende Verfahren nötig. Die Rasterkraft-Mikroskopie (Atomic/Scanning Force Microscopy, AFM/SFM) bietet sich dafür an. AFM ist eines der wichtigsten Verfahren der Oberflächenanalyse und wurde 1986 von GERD BINNING, CALVIN QUATE und CHRISTOPH GERBER entwickelt [114].

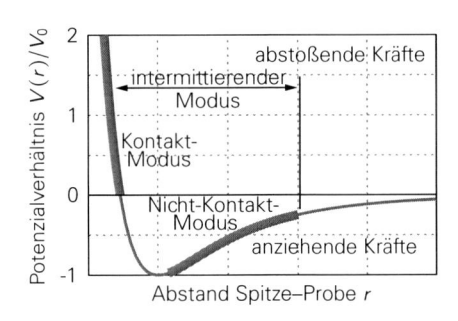

Abbildung 2.14.: LENNARD-JONES-Potenzial der Oberflächen–Spitze-Wechselwirkung bei AFM-Messungen.

Das Messprinzip beruht auf der Abtastung der Materialoberfläche mit einer feinen Nadel, der Spitze, die sich am Ende eines Federbalkens, dem Cantilever, befindet. Je nach Oberflächenbeschaffenheit der Probe und wirkenden lokalen Kräften wird der Cantilever unterschiedlich weit ausgelenkt. Für die rein mechanische Abtastung einer Oberfläche beschreibt das LENNARD-JONES-Potenzial[9] die Wechselwirkungen zwischen der Spitze und der Probenoberfläche (Abb. 2.14). Für die vertikale Verschiebung Δz eine einseitig eingespannten Balkens und die daraus folgende Auslenkung φ gilt [115, S. 520]:

$$\Delta z = \frac{WL^3}{3EI} \quad \text{und} \quad \varphi = \frac{WL^2}{2EI}, \qquad (2.18)$$

mit der Länge L des Cantilevers, der Elastizitätsmodul E, dem Biegeträgheitsmoment I und der Belastung W, die auf die Spitze wirkt. Aus den beiden Gleichung lässt sich der Zusammenhang zwischen Verschiebung und Auslenkung angeben [116]:

$$\varphi = \frac{3\Delta z}{2L}. \qquad (2.19)$$

Die Messung der Auslenkung kann entweder kapazitiv oder aber optisch mithilfe eines Laserstrahls erfolgen [116–118]. Bei letzterem wird auf die Spitze ein Laserstrahl fokussiert, dessen Reflexion auf eine 4-Quadranten-Fotodiode trifft (Abb. 2.15). Das Signal der 4-Quadranten-Fotodiode ist in modernen Geräten rückgekoppelt und ermöglicht mithilfe einer Regelung von Piezoaktoren eine Positionierung der Probe auf den Nanometer genau. Der rückgekoppelte Regelkreis regelt im Idealfall die Auslenkung des Cantilevers auf Null, indem er entweder die Cantilever-Aufhängung oder aber die Probenhalterung nach fährt. Letztere Variante ist dabei die am häufigsten genutzte. Je nach Anwendungsfall und zu messenden Proben werden drei verschiedene Messmodi unterschieden:

---

[9]Das LENNARD-JONES-Potenzial lässt sich mathematisch wie folgt beschreiben: $V_{LJ} = \varepsilon \left[\left(\frac{r_{min}}{r}\right)^{12} - 2\left(\frac{r_{min}}{r}\right)^6 \right]$. Mit der Tiefe des Potenzial ε, dem Abstand zwischen den Atomen der Probe und der Spitze r, sowie dem Abstand r_{min}, wenn das Potenzial das Minimum erreicht.

Kontakt-Modus: Die Spitze befindet sich in direktem mechanischen Kontakt mit der Oberfläche und bildet somit die Oberflächenrauheit und sämtliche lokalen Bewegungen der Oberfläche ab. Es besteht aber eine hohe abstoßende Wirkung zwischen der Spitze und den Elektronenhüllen der Oberflächenatome.

Nicht-Kontakt-Modus: Beim Nicht-Kontakt-Modus wird der Cantilever mit seiner Resonanzfrequenz nach dem Prinzip der Selbstanregung angeregt und rastert die Oberfläche ab. Wenn dabei Kräfte zwischen Spitze und Probe auftreten, führt dies zu einer Verschiebung der Resonanzfrequenz. Diese Phasenverschiebung wird als Regelsignal für den Regelkreis verwendet. In diesem Modus sind die am höchsten aufgelösten Messungen möglich, z.B. die Abbildung von Atomrümpfen.

Intermittierender Modus: Bei diesem Modus wird der Cantilever extern mit einer Frequenz nahe der Resonanzfrequenz angeregt. Durch Wechselwirkungen zwischen Probe und Spitze verschiebt sich ebenfalls die Resonanzfrequenz, was einen Einfluss auf die Schwingungsamplitude und die Phase der Schwingung hat. In den meisten Messaufbauten wird die Schwingungsamplitude als Regelparameter verwendet.

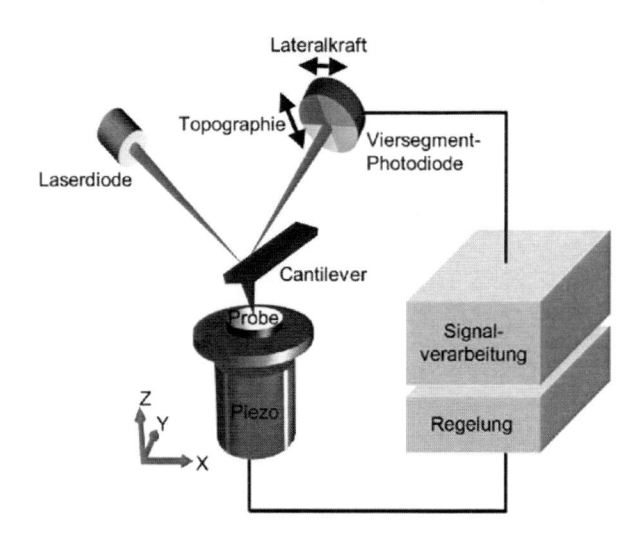

Abbildung 2.15.: Wirkungsprinzip eines Rasterkraft-Mikroskops [119].

Tabelle 2.6 gibt einen Überblick über die verschiedenen Analysemethoden mithilfe von AFMs und SFMs. Der große Vorteil von AFMs im Vergleich zu REMs liegt darin, dass auch lokale elektrische Messungen möglich sind. Durch die Funktionalisierung des Cantilevers können verschiedene Wechselwirkungskräfte gemessen und analysiert werden. Beispielweise kann eine Metallisierung verwendet werden, um lokal elektrische Signale und Felder an die Probe anzulegen.

Die für die Untersuchung von Ferroelektrika am meisten verwendete Methode ist die Piezokraft-Mikroskopie (Piezoresponse Force Micoscopy, PFM). Dem normalen Scanvorgang wird eine hochfrequente elektrische Anregung überlagert. Aufgrund des piezoelektrischen Effekts reagiert das Material entsprechend mit Ausdehnung oder Stauchung, was sich mithilfe von Lock-in-Verstärkern herausfiltern lässt. Die Methode ist sehr einfach zu implementieren, bietet

Tabelle 2.6.: SPM-Techniken zur ortsaufgelösten Untersuchung von ferroelektrischen Materialien (nach [120]).

Technik	Messsignal	Beziehung zu ferroelektrischen Eigenschaften
EFM, SSPM	Elektrostatischer Kraftgradient (EFM), effektives Oberflächenpotenzial (SSPM)	Charakterisierung des elektrostatischen Streufeldes der Oberflächen-Polarisationsladungen.
PFM	Vertikale und laterale Oberflächenverformung, verursacht durch eine Biasspannung an der Spitze	Charakterisierung der piezoelektrischen Eigenschaften der Oberfläche. Vertikale und laterale Komponente entsprechen den In-Plane- und Out-of-Plane-Polarisationsrichtungen.
SCM	Spannungsableitung der Spitze-Probe-Kapazität	Basiert auf Hysteresen in der Spitze–Oberflächen-Kapazität, verursacht durch die Polarisation. Geeignet nur für den Out-of-Plane-Anteil.
FFM	Reibungskräfte	Auswirkung der Polarisationsladungen auf die Oberflächenreibung.
SNDM	Nicht lineare dielektrische Permittivität	Sowohl für In-plane- als auch Out-of-Plane-Komponenten der Polarisation geeignet.

EFM Electrostatic Force Microscopy, SSPM Scanning Surface Potential Microscopy, PFM Piezoresponse Force Microscopy, SCM Scanning Capacitance Microscopy, FFM Friction Force Microscopy, SNDM Scanning Nonlinear Dielectric Microscopy

eine hohe Auflösung und ist im Vergleich zu den anderen Methoden relativ unsensibel gegenüber Topografie und Zustand der Oberflächen. Sie wird auch in dieser Arbeit zur Analyse der ferroelektrischen Nanostrukturen genutzt. Gegenüber der Analyse mit Röntgenstrahlen, bei der nur eine gemittelte Messung der Domänenstruktur möglich ist, bietet PFM räumlich aufgelöste Bilder, so dass Messungen zu Domänengröße, Wechselwirkungen und Domänenverhalten in der Nähe von Inhomogenitäten und Wänden möglich werden. Neben der lokalen Auflösung der Domänenstruktur in dünnen Schichten und in ein- und polykristallinen Materialien bietet PFM auch die Möglichkeit, lokale Hysteresekurven zu messen oder das Material selektiv zu polen (Abb. 4.13 und Abschn. 4.4.1). Erfolgt die Hysteresemessung während der Aufzeichnung eines PFM-Bildes entlang eines Rasters, wird das Verfahren als Schalt-Spektroskopie-PFM (SS-PFM) bezeichnet.

2.7. GRÖSSENEFFEKTE

Die fortschreitende Miniaturisierung von elektronischen Bauteilen stellt neue Anforderungen an die Eigenschaften funktionaler Strukturen [121, 122]. Die Herstellung neuer Systeme erfordert höchste Präzision, damit z.B. ungestörte epitaktische Schichten, Schichten mit genau einstellbarer stöchiometrischer Zusammensetzung oder Grenzflächen von Multilagen mit scharfen Übergängen entstehen. Die technologischen Einflussfaktoren sind zwar nicht immer trivial zu handhaben, aber mit einem entsprechenden technischen Aufwand meist lösbar.

Ein weitaus wichtigerer und bisher noch nicht vollständig erforschter Einflussfaktor ist das Verhalten von Ferroelektrika, wenn deren Größe in den Nanometerbereich reduziert wird. Je nach Anzahl der räumlichen Abmessungen, die kleiner als 100 nm sind, wird zwischen 0D-

Tabelle 2.7.: Definition von Nanostrukturen [123].

Dimensionalität	Beispiele
2D	dünne Schichten
1D	Nanoröhren, Nanostäbchen
0D	Nanopunkte

bis 2D-Nanostrukturen unterschieden (Tabelle 2.7). Mit der abnehmenden Größe wächst der Einfluss von Oberflächen- und Grenzflächeneffekten auf die Eigenschaften von dünnen Schichten und Strukturen. Dabei wird erwartet, dass die CURIE-Temperatur und die spontane Polarisation sinken und das Koerzitivfeld ansteigt [124, 125]. Wenn eine ferroelektrische Struktur, wie z.B. ein Kondensator, auf laterale Abmessungen von unter 1 µm^2 reduziert wird, sind folgende Probleme von Interesse [126]:

- Limit für die Schaltgeschwindigkeit der Polarisation und deren Einflussfaktoren,
- minimale Schichtdicken von ferroelektrischen Schichten,
- Abhängigkeiten der Schaltparameter, z.B. der Koerzitivfeldstärke, von der Schaltfrequenz und
- minimale Größe eines Nanokondensators aus ferroelektrischen Materialien.

Die Korrelationslänge gibt die Größendimension an, ab der Größeneffekte eine entscheidende Rolle in den Materialien spielen. In erster Näherung kann die Korrelationslänge als Breite der Domänenwände angenommen werden [127].

Die Auswirkungen der Miniaturisierung von Ferroelektrika auf die Polarisation können sowohl intrinsische als auch extrinsische Ursachen haben. Intrinsische Effekte beruhen beispielsweise auf einer Veränderung der mikroskopischen Polarisation in den Einheitszellen. Dagegen wirken sich aber extrinsische Effekte wie Herstellungs- und Strukturierungsmethoden stärker aus. Viele Untersuchungen anhand von PT-Pulvern haben gezeigt, dass die CURIE-Temperatur stärker von der Herstellung der Pulver als von der mittleren Partikelgröße abhängt [127–129]. Weiterhin gibt es noch weitere ungeklärte Effekte, wie beispielsweise der Einfluss der Grenzfläche zwischen Ferroelektrikum und den Elektroden, was zu einem Imprint-Effekt führen kann [130].

Neuere Studien haben gezeigt, dass ferroelektrische Nanopartikel ihre Ferroelektrizität bis hinunter zu Größen von ungefähr 20 nm behalten [131]. Wenn der extrinsische Einfluss bei einzelnen Partikeln weiter reduziert wird, zeigen theoretische Annahmen, dass oxidische Ferroelektrika eine kritische Größe zwischen 5...15 nm besitzen [132]. In Pulvern überwiegen die sogenannten Partikelgrößeneffekte. Ferroelektrizität kann sogar – abhängig von den Randbedingungen – noch in wesentlich kleineren Strukturen, wie Dünnfilmen, existieren [133]. Diese Dünnfilme sind oftmals polykristallin, so dass Korngrößeneffekte eine wichtige Rolle spielen.Durch die Miniaturisierung von ferroelektrischen Materialien können gegenüber unstrukturierten Anordnungen besondere Effekte wirksam werden da durch ein verändertes Oberflächen-zu-Volumen-Verhältnis polydomänige Zustände innerhalb eines Korns energetisch nicht mehr vorteilhaft sind.

Weitergehend muss zwischen einzelnen Partikeln oder aber Aggregationen von Partikeln unterschieden werden [26]. Aggregationen können im einfachsten Fall die Verbindung von einzelnen Partikeln sein, aber auch kompliziertere Gefüge, wie beispielsweise gegeneinander isolierte Partikel (core-shell) oder eingebettete ferroelektrische Partikel in einer nicht-ferroelektrischen Matrix.

2.7.1. PARTIKELGRÖSSENEFFEKTE

Die ersten Untersuchungen zu einzelnen ferroelektrischen Partikeln stammen aus dem Jahr 1954, als ANLIKER und BRUGGER [5] das Verhalten von einzelnen BTO-Partikeln mit Durchmessern zwischen 30 nm und 30 µm untersuchten, um die Veränderung der ferroelektrischen Eigenschaften wie Permittivität und CURIE-Temperatur zu studieren.

Ferroelektrika bilden zur Reduzierung ihrer Gesamtenergie Domänen aus (vgl. Abschn. 2.1.3). Diese Domänenkonfigurationen führen dazu, dass lokale Depolarisationsfelder entstehen und weite Teile der Kristalle bzw. Partikel nach außen neutral sind. Dem entgegen wirkt die Energie der Domänenwände, so dass sich ein Gleichgewichtszustand ausbildet. Wenn die Partikelgröße reduziert wird, bleibt dieses Gleichgewicht erhalten und es kommt zu einer Reduktion der Domänenanzahl im Kristall. Ein polydomäniges Partikel wird in einen eindomänigen Zustand überführt. Diese Umwandlung erfolgt, da die Energiekompensation durch lokale Depolarisationsfelder immer weiter sinkt und somit die notwendige Energie für die Bildung von Domänenwänden nicht mehr aufgebracht werden kann. Der Zustand wird als superparaelektrisch bezeichnet, da in den Partikeln zwar kleine polare Regionen vorhanden sind, die aber untereinander eine zufällige Anordnung haben und sich somit kompensieren. Wird die Partikelgröße weiter reduziert, wird eine kritische Größe erreicht, ab der die Partikel keine ferroelektrischen Eigenschaften mehr besitzen, was mit einem Übergang in die paraelektrische Phase gleichzusetzen ist.

Werden also nicht eingespannte ferroelektrische Partikel kontinuierlich in ihrer Größe reduziert, durchlaufen sie folgende Zustände [13, 26]: polydomänig – eindomänig – superparaelektrisch – paraelektrisch. Durch verschiedene Simulationen wurde theoretisch die kritische Größe bestimmt, ab denen die Partikel keine Ferroelektrizität mehr zeigen [134–136]. Auch experimentell lassen sich diese theoretisch ermittelten Werte beobachten. ROELOFS untersuchte PT- und PZT- Partikel mithilfe von AFM-Messungen und erhielt eine kritische Größe von ca. 20 nm [137], ebenso wie JIANG, der dieses Ergebnis über Transmission-Elektronen-Mikroskop- (TEM-) Untersuchungen bestätigte [10]. AKDOGAN hat mit Röntgenbeugung (X-ray Diffraction, XRD) den Übergang von PT-Partikeln von der tetragonalen in die kubische Phase beobachtet [138]. Ab einer Größe von weniger als 15 nm konnten dabei keine ferroelektrischen Eigenschaften mehr beobachtet werden.

In der Praxis lassen sich aber einzelne Nanopartikel nur sehr schwer einsetzen, so dass sie eigentlich immer auf einem Substrat fixiert oder mit Elektroden kontaktiert werden müssen. Dadurch verändern sich natürlich die Randbedingungen und somit auch die resultierenden Eigenschaften.

2.7.2. KORNGRÖSSENEFFEKTE

In BTO-Volumenkeramiken hat die Korngröße g bei niedrigen Frequenzen einen starken Einfluss auf die Permittivität. Diese steigt mit kleiner werdender Korngröße bis zu $g \approx 0{,}7$ µm stark an (Abb. 2.16) [139]. Dieser Anstieg von ε kann durch innere Spannungen verursacht werden, da jedes Korn durch die direkten Nachbarn eingespannt ist, oder aber durch den Anstieg der Zahl der Domänenwände. Unterhalb der kritischen Größe g_{krit} nimmt die Permittivität durch reduzierte Tetragonalität und reduzierte remanente Polarisation wieder sehr steil ab. Der starke Abfall der Permittivität kann modellhaft als eine zusätzliche Grenzfläche mit niedriger Permittivität und einer Dicke von 0,5 bis 2 nm an den Korngrenzen interpretiert werden. Diese Schicht zeigt dann im Vergleich zum Volumenmaterial keinerlei Unterschiede in Zusammensetzung und Kristallstruktur.

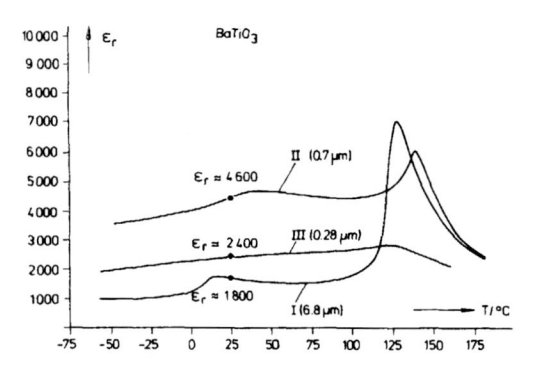

Abbildung 2.16.: Dielektrischekonstante ε_r in Abhängigkeit der Temperatur T für verschiedene BTO-Korngrößen g (aus [139]).

Bei dünnen Schichten wurde früher davon ausgegangen, dass ebenso wie bei Nanopartikeln eine kritische Größe existiert, ab der keine Ferroelektrizität mehr auftritt. Neuere Untersuchungen haben aber gezeigt, dass dies kein intrinsisches Verhalten des Materials ist, sondern durch die Randbedingungen, die aus den unterschiedlichen Herstellungsprozessen resultieren, verursacht wird [140]. TYBELL et al. [133] untersuchte einkristalline tetragonale PZT-Filme und konnte dort Ferroelektrizität bis hinunter zu einer Dicke von 4 nm nachweisen, was im Falle von PZT nur ungefähr zehn Elementarzellen entspricht. Neuere Untersuchungen zeigen sogar minimale Schichtdicken von nur 2 nm [141]. Andere Gruppen simulierten mit *ab-initio*-Verfahren dünne BTO-Filme unter Berücksichtigung der Randbedingungen [134, 142, 143]. BTO-Filme mit einer Dicke von bis zu 2,4 nm zeigten ferroelektrisches Verhalten, was etwa sechs Elementarzellen entspricht. Außerdem konnte aus diesen Simulationen abgeleitet werden, dass der Verlust der polaren Eigenschaften auf die unvollständige Kompensation des Depolarisationsfeldes zurückzuführen ist [144, 145]. Diese unvollständige Kompensation wird auch als Screening-Effekt bezeichnet und scheint eine entscheidende Rolle bei der Miniaturisierung dünner ferroelektrischer Schichten zu spielen [146]. Die meisten einfach hergestellten dünnen Schichten sind aber polykristallin, was die Betrachtung noch weiter verkompliziert.

Keramiken bestehen typischerweise aus einem polykristallinen Gefüge einzelner mikroskopisch kleiner Partikel. Dennoch können diese nicht mit freien Partikeln verglichen werden, da die Randbedingungen der Körner im Gefüge ganz anders sind. Die Körner liegen im Kristall dicht beieinander, sind gegeneinander nicht isoliert und mechanisch gegeneinander verklemmt. Bei der Umwandlung von paraelektrisch-kubischem BTO in die ferroelektrisch-tetragonale Phase kommt es zu einer Verzerrung jeder einzelnen Elementarzelle, was sich auf den gesamten Kristalliten auswirkt und durch die inneren Spannungen zu einem komplexen Domänenmuster führt. Die Anordnung der Domänen hat einen maßgeblichen Einfluss auf die resultierende Polarisation des makroskopischen Kristalls und somit auf das dielektrische und piezoelektrische Verhalten der Keramiken [147]. Bisher ist es noch nicht gelungen, die äußerst komplexen Zustände in ein durchgängiges Modell zu fassen. Selbst im einfacheren Modellsystem Bariumtitanat gibt es noch große Inkonsistenzen in der Beschreibung des dielektrischen Verhaltens, lediglich Teilaspekte des Gesamtverhaltens sind modelliert [26].

Eine weitere interessante Schlussfolgerung wurde von FU und BELLAICHE getroffen, die wirbelartige Polarisationsformationen in BTO-Quantenpunkten voraussagten [148]. Auf diese besonderen Formationen wird im folgenden Abschnitt genauer eingegangen.

2.7.3. EFFEKTE IN NANOPUNKTEN

GRUVERMAN et al. gaben 1996 den Anstoß zur mikroskopischen Untersuchung von Domänen und Domänenwänden [149]. Aber erst 2008 gab es die ersten qualitativen experimentellen Untersuchungen mithilfe von PFM, die auf der Technik von GÜNTHER und DRAHNSDORF beruhte [150]. GRUVERMAN et al. [20] und SCOTT et al. [151] untersuchten das zeitabhängige mikroskopische Schaltverhalten von runden und rechteckigen PZT-Nanokondensatoren. Diese Kondensatoren waren durch eine Topelektroden auf einem Dünnfilm definiert. Sie beobachteten ein ringförmiges Schalten, was als Beweis für das Vorhandensein von wirbelartigen Domänen interpretiert wurde. Theoretisch konnten die experimentellen Ergebnisse mit Simulationen anhand der LANDAU-LIFSHITZ-GILBERT-Gleichung bestätigt werden. RODRIGUEZ et al. untersuchte im gleichen Jahr Nanostrukturen, die durch Aufschleudern eines Präkursors, der durch anschließendes Tempern aufreißt und Nanopunkte erzeugt, hergestellt wurden [152]. Das lokale Schaltverhalten der Strukturen wurde mit SS-PFM analysiert. Die Hysteresen zeigten eine unvollständige Sättigung, was als ein lokales Pinning, oder aber als ein Indiz einer wirbelartigen Polarisationsdrehung interpretiert werden kann.

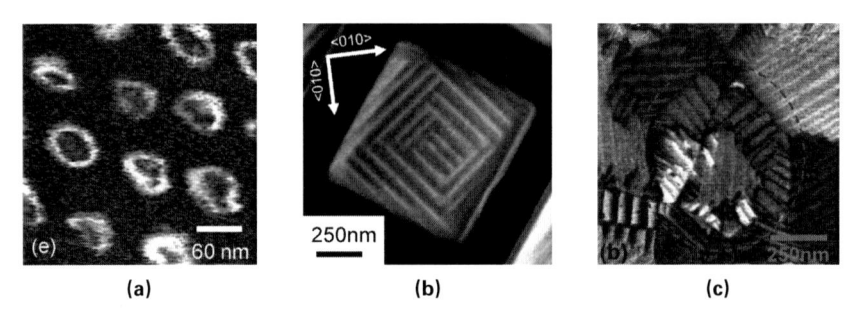

Abbildung 2.17.: PFM-Bilder verschiedener Analysen von ferroelektrischen Nanostrukturen: (a) In-Plane-PFM-Bild von PZT durch AAO-Masken mit PLD abgeschieden [21], (b) 90°-Streifendomänen in Quadranten in quadratischen einkristallinen BTO-FIB-Strukturen [18] und (c) ferroelastische 90°-Domänen in polykristallinen PZT-Filmen [153].

2009 folgte die erste Untersuchung von regelmäßigen PZT-Nanostrukturen, die mithilfe von Laserablation (PLD) durch AAO-Membranen[10] abgeschieden wurden [21]. Dabei ergaben sowohl theoretische als auch experimentelle Untersuchungen Anhaltspunkte für das Vorhandensein von wirbelartigen Domänen, was sich in einer Kernpolarisation äußerte (Abb. 2.17a). Aufgrund der großen Abweichungen der einzelnen Punkte in Form und Größe konnte eine starke Abhängigkeit der Polarisation der Punkte von den Randbedingungen nachgewiesen werden. Diese Untersuchungen wurden in den folgenden Jahren noch weiter verfeinert [154].

Die Gruppe um SCHILLING stellte mit fokussiertem Ionenstrahlschreiben (FIB) aus einkristallinem BTO-Volumenmaterial quadratische Nanoinseln her [18]. Die Untersuchung der lokalen Polarisation ergab, dass sich im Kristall vier Quadranten mit 90°-Streifendomänen bilden (Abb. 2.17b). Die Ursache für diese komplexe Domänenformation ist nicht eindeutig geklärt und entsteht vermutlich aufgrund der Form und der Reduktion der Oberflächenladungen. Spätere Arbeiten von IVRY et al. zeigten ähnliche Domänenformationen auch in polykristallinen Filmen (Abb. 2.17c) [153]. Die wirbelartigen 90°-Domänenmuster sind also nicht nur auf Nanopunkte

---
[10]Anodisch oxidierte Aluminiummembranen (AAO-Membranen) bilden regelmäßig angeordnete, senkrechte Nanoporen definierten Durchmessers und Abstands.

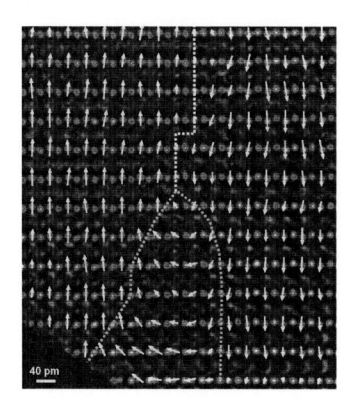

Abbildung 2.18.: Karte der atomaren Verschiebungsvektoren von PZT–SrTiO$_3$ Heterostrukturen. Die Länge der Pfeile gibt die Größe der Verschiebung entsprechend der Skala (unten links) an (aus [156]).

beschränkt und können durch ein externes elektrisches Feld beeinflusst werden. IVRY et al. beobachteten zwei verschiedene Arten von geschlossenen Domänenformationen: Quadrante mit 90°-Streifendomänen und radiale Konfigurationen. Diese Strukturen werden mit hoher Wahrscheinlichkeit gebildet, um die Energie zu reduzieren, die durch starke lokale Spannungen und Ladungsänderungen entstehen. Die Ergebnisse unterstützen außerdem die Annahme, dass die Form der Nanostrukturen nur eine untergeordnete Rolle bei der Bildung von wirbelartigen Domänen besitzt. Neuere Arbeiten zeigen eine Vielzahl von unterschiedlichen Domänenformationen, wie beispielsweise netzförmige Muster in einkristallinem BTO [155].

JIA et al. [156] gelang der direkte Nachweis von wirbelartigen Domänen in PZT an einer SrTiO$_3$-Grenzschicht. Mit hochauflösenden TEM-Untersuchungen wurden die einzelnen Elementarzellen des PZT und die Verschiebung des Zentralatoms abgebildet. Die Kenntnis der genauen Position des Zentralatoms erlaubt Rückschlüsse auf die lokale Richtung und Stärke der Polarisation und zeigte eine drehende Polarisation (Abb. 2.18). Die TEM-Methode entwickelte sich seit dem als alternatives Mittel zu PFM zur Untersuchung von lokalen Polarisationseigenschaften [157, 158].

BALKE et al. ist es erstmalig gelungen die Formation der Domänen in multiferroischem BiFeO$_3$ zu beeinflussen [159]. Das Anlegen einer Spannung an die Probe erlaubte es ihnen Bereiche herzustellen, die sich dramatisch in elastischen und magnetischen Eigenschaften unterscheiden. Dadurch ist es möglich, mithilfe eines elektrischen Feldes die lokale Verformung und magnetische Eigenschaften zu kontrollieren und so eine Vielzahl neuer magnetoelektrischer und belastungsgekoppelter Systeme herzustellen.

Die ersten Theorien dazu stammen von FU und BELLAICHE aus dem Jahr 2003 [148]. NAUMOV et al. konnte wirbelartige Polarisationsformationen theoretisch auch in Quantenpunkten und Stäbchen nachweisen (Abb. 2.19a) [4, 160]. Es zeigte sich, dass die innere mechanische Spannung einen großen Einfluss auf das Depolarisationsfeld und die damit verbundenen Domänenmuster im Gleichgewichtszustand haben. Druckspannung führt zu 180°-Streifen- oder Fischgrätenmustern, während Zugspannung zu wirbelartigen Domänen in Plane führen. Je nach Belastung gibt es auch eine Reihe von Zwischenphasen. Weitere Simulationen bestätigten die

Theorie von wirbelartigen, kreisförmigen und toroidalen Domänen in dünnen Filmen [161–163], Nanokapazitoren [164–168] und Stäbchen [169, 170]. Darüber hinaus wurde das Schaltverhalten von wirbelartigen Domänenmustern simuliert [171, 172].

Ein komplexeres Modell zur Beschreibung von epitaktisch gewachsenen PT-Nanopunkten stammt von HONG et al. [173]. Sie entwickelten ein dreidimensionales Phasenfeld-Modell, welches die starken Einflüsse des Depolarisationsfeldes und der inneren Spannungen durch Fehlanpassung auf die Domänenmuster berücksichtigt (Abb. 2.19b,c). Es bilden sich einfache wirbelartige Domänen und gemischte Domänenkonfigurationen aus Zickzack-Streifen und geschlossenen wirbelartigen Domänen. Eine neuartige, zweifach wirbelartige Domänenformation wurde für Strukturen mit geringen inneren Spannungen aufgrund von Fehlanpassungen beobachtet. Bei hohen inneren Spannungen bildeten sich Streifendomänen mit annähernd geraden Domänenwänden entlang der In-Plane-Diagonale.

Intrinsische Größeneffekte überwiegen erst in extrem kleinen Nanopartikeln und konnten bisher nur mithilfe von Simulationen nachgewiesen werden. Die meisten heutzutage beobachteten Größeneffekten in realen ferroelektrischen Nanostrukturen sind durch extrinsische Effekte verursacht [127].

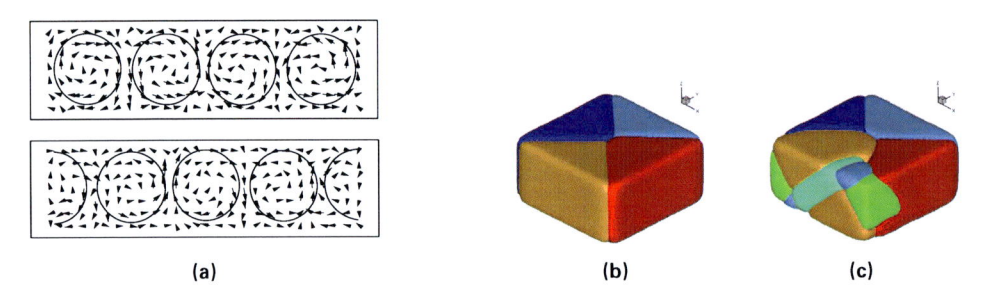

Abbildung 2.19.: Simulationsergebnisse zeigen die Domänenformation in ferroelektrischen Nanostrukturen: (a) Lokale Dipole eines x- (oben) und y-Querschnitts (unten) durch ein PZT-Nanostäbchen. Lokale wirbelartige Domänen sind durch Kreise gekennzeichnet [4]. (b,c) 3D-Domänenformation von epitaktisch gewachsenen PT-Nanopunkte mit unterschiedlichen inneren Spannungen aufgrund von Fehlanpassung. Die Farben entsprechen den unterschiedlichen Polarisationsrichtungen: gelb = a_1^+ ([100]), hellblau = a_1^- ([$\bar{1}$00]), rot = a_2^+ ([010]), blau = a_2^- ([0$\bar{1}$0]), grün = c^+ ([001]) und blaugrün = c^- ([00$\bar{1}$]) [173].

3. HERSTELLUNG FERROELEKTRISCHER NANOSTRUKTUREN

Die Einordnung der Herstellungsverfahren für Nanopartikel und Nanostrukturen kann auf vielfältige Art und Weise erfolgen. Beispielsweise wurde in [174, 175] vorgeschlagen, zwischen mechanisch-physikalischen und chemisch-physikalischen Verfahren zu unterscheiden. Zu den mechanisch-physikalischen Verfahren zählen dabei unter anderem die physikalische Gasphasenabscheidung (Physical Vapor Deposition, PVD), Pyrolyseverfahren, Lithografie und Abform-Verfahren. Die meisten mechanisch-physikalischen Verfahren verfolgen einen Top-Down-Ansatz, während den chemisch-physikalischen Verfahren in der Regel ein Bottom-Up-Ansatz zugrunde liegt. Beispiele für diese Verfahren sind das epitaktische Aufwachsen, die chemische Gasphasenabscheidung (Chemical Vapor Deposition, CVD), Abscheidung aus chemischen Lösungen (Chemical Solution Deposition, CSD), wie beispielsweise Sol-Gel-Verfahren, und Selbstanordnungsansätze.

Die direkte Unterscheidung nach Top-Down- und Bottom-Up-Verfahren hat sich in der Vergangenheit als eine zweckmäßigere Einordnung erwiesen. Die Herstellung von regelmäßig angeordneten Nanopartikeln und Nanostrukturen kann entweder durch Strukturierung ganzflächig abgeschiedener Schichten (Top-Down-Ansatz) oder aber durch lokales Aufwachsen bzw. Selbstanordnung von Partikeln (Bottom-Up-Ansatz) erfolgen. Weiterhin gibt es hybride Methoden, bei denen selbstangeordnete Strukturen zur Strukturierung ganzflächig abgeschiedener Schichten genutzt werden. Dieses Kapitel stellt die verschiedenen Verfahren gegenüber und bewertet ihre Vor- und Nachteile.

3.1. TOP-DOWN-VERFAHREN

Der Top-Down-Ansatz geht von geschlossenen Schichten oder von Volumenmaterialen aus, in denen die Nanostrukturen durch Strukturierung erzeugt werden. Dies kann z.B. durch die Verwendung von Masken, mittels direkter Schreibverfahren, durch Abformung oder aber durch einfache mechanische Zerkleinerung erfolgen (Abb. 3.1).

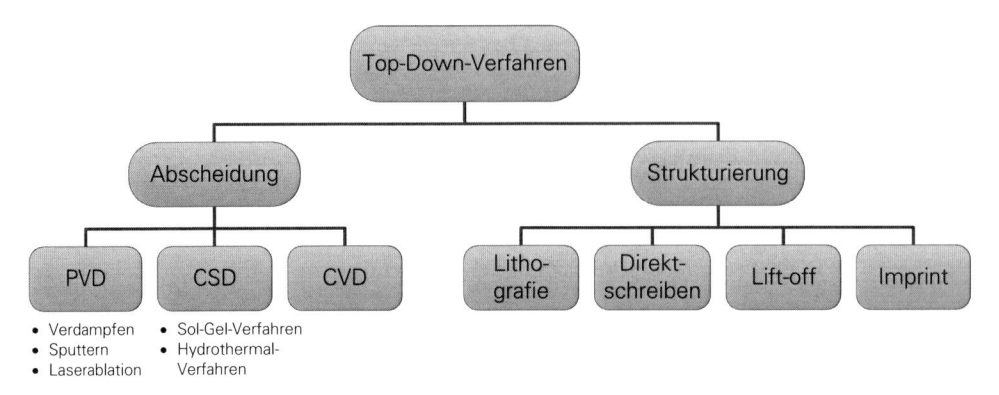

Abbildung 3.1.: Übersicht der Top-Down-Verfahren zur Herstellung von Nanostrukturen und Nanopartikeln.

3.1.1. LITHOGRAFIEVERFAHREN

Bei der Lithografie dient eine Maske zur Strukturübertragung auf ein Substrat oder eine zu strukturierende Schicht. Hilfsmittel ist meist eine Fotolackschicht, die entsprechend der Maske belichtet und entwickelt wird. Die Belichtung des Lacks erfolgt mit unterschiedlichsten Strahlungsquellen (elektromagnetische Strahlung: Photonen; Partikelstrahlung: Elektronen, Ionen, Atomen). Es werden, je nach Art und Weise der Belichtung der fotosensitiven Schicht, zwei Verfahren unterschieden:

(i) die Belichtung mittels einer Fotomaske,

(ii) die Belichtung durch direktes Schreiben mit Laser-, Ionen- oder Elektronenstrahlen.

Die belichteten Fotolacke müssen entwickelt werden, so dass je nach Lackart (Positiv- oder Negativlack) die belichteten bzw. unbelichteten Strukturen herausgelöst werden (Abb. 3.2).

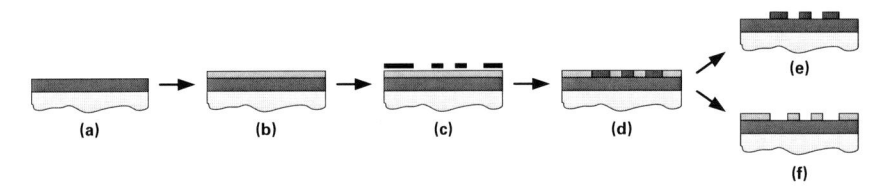

Abbildung 3.2.: Die wichtigsten Schritte der Fotolithografie im Überblick: (a) Wafer mit zu strukturierender Schicht, (b) Aufschleudern des Maskenmaterials (Fotolack), (c) Belichtung des Lacks mit einer Schattenmaske, (d) belichteter Fotolack und Strippen eines (e) Negativ- oder (f) Positivfotolacks.

a. ABBILDENDE VERFAHREN

Die Verwendung einer Maske ermöglicht das simultane Belichten größerer Bereiche. Dazu wird oftmals eine strukturierte Chrommaske auf Glasträgern verwendet. Nachteilig wirken sich die Beugungserscheinungen des Lichts an der Maske sowie die begrenzte Lebensdauer der Masken aus.

Tabelle 3.1.: Minimale Strukturgrößen b_{min} und Fokustiefen f_{min} verschiedener Lithografieverfahren mit unterschiedlichen Wellenlängen λ [178].

Verfahren	λ	b_{min}/nm	f_{min}/µm
Ionenstrahl	50 fm	2	500
Elektronenstrahl	8 pm	20	400
Röntgenstrahlung	1 nm	30	–
EUV	13,5 nm	45	1,1
F_2-Laser	157 nm	80	0,28
ArF-Laser	193 nm	100	0,4

Die weitere Miniaturisierung von mikroelektronischen und mikromechanischen Bauelementen ist durch die minimal auflösbare Strukturbreite limitiert. Konventionelle Lithografie ermöglicht lediglich eine Auflösung im Bereich von ca. 100 nm. Die minimal auflösbare Strukturbreite b_{min} ist von der Wellenlänge λ des verwendeten Lichts abhängig und wird durch das RAYLEIGH-Kriterium

$$b_{min} = k_1 \frac{\lambda}{NA}, \tag{3.1}$$

mit dem Kohärenzfaktor k_1 und der numerischen Apertur NA, beschrieben. Die numerische Apertur NA ist das Produkt aus dem Brechungsindex n des Umgebungsmaterials und dem Sinus des halben objektseitigen Einfallswinkels α:

$$NA = n \cdot \sin \alpha. \tag{3.2}$$

Es gibt eine Reihe von Verfahren, mit denen Strukturgrößen von weniger als 100 nm erreicht werden können. Die Verwendung eines 180°-Phasenschiebers in jedem zweiten transparenten Bereich der Maske führt zu destruktiver Interferenz in den dazwischen liegenden maskierten Bereichen [176, 177]. Dadurch lässt sich der Kohärenzfaktor k_1 weiter reduzieren [178].

Immersionslithografie führt zu einer starken Verbesserung der Auflösung durch die Verwendung einer Flüssigkeit zwischen Linse und Substrat. Die Flüssigkeit hat einen höheren Brechungsindex als Luft und gemäß Glg. (3.2) somit eine größere numerische Apertur NA, was die Auflösung erhöht und Strukturgrößen von wenigen 10 nm erlaubt.

b. SCHREIBVERFAHREN

Elektronenstrahllithografie verwendet einen Strahl gebündelter Elektronen, um so das Beugungslimit der konventionellen Fotolithografie zu umgehen, und ermöglicht Strukturbreiten bis hinunter zu 20 nm und eine große Fokustiefe. Als Fotolack kommen überwiegend Polymere, wie Polymethylmethacrylat (PMMA), zum Einsatz. Die Auflösung des Verfahrens ist durch die Rückstreuung der Elektronen limitiert, die auch in nicht direkt bestrahlte Bereiche eindringen können. Dieser Effekt kann durch die Verwendung von Ionen statt Elektronen reduziert werden [179, 180], da Ionen eine wesentlich höhere Masse besitzen und weniger rückgestreut werden.

Alle diese Methoden liefern für spezielle aktuelle Anwendungsfälle der Mikroelektronik eine ausreichende Auflösung (Tabelle 3.1). Bessere Auflösungen erfordern meistens einen höheren technischen Aufwand, komplexere Systeme und sind oft mit geringerem Durchsatz verbunden.

3.1.2. DIREKTE SCHREIBVERFAHREN

Das Schreibverfahren zur Belichtung von Masken mit einem Elektronenstrahl kann auch auf ferroelektrischen Schichten direkt angewendet werden. Bei dieser maskenlosen Technik werden die Strukturen direkt in eine sogenannte Präkursorschicht aus amorphem, metallorganischem Material geschrieben [181–183]. Diese Präkursorschicht enthält alle für die Zusammensetzung erforderlichen Elemente im definierten stöchiometrischen Verhältnis. Es stehen sowohl für Blei-Zirkonat-Titanat, als auch für Strontium-Bismut-Tantalat entsprechende metallorganische Präkursormaterialien zur Verfügung. Aufgrund ihrer hohen Viskosität können sie einfach auf die Substrate aufgeschleudert werden. Über das Prozessregime während des Aufschleuderns und die Wiederholungszyklen kann die Schichtdicke sehr genau eingestellt werden. Die Belichtung der getrockneten Schichten erfolgt mithilfe eines Elektronenstrahls. Die Entwicklung führt zum Auflösen der nicht belichteten Bereiche und lediglich die geschriebenen Strukturen bleiben erhalten. Die amorphen metallorganischen Präkursorstrukturen werden dann durch Tempern erst in eine amorphe ferroelektrische und dann bei höheren Temperaturen in eine kristalline Phase umgewandelt.

3.1.3. LASERABLATION

Durch das Beschießen der Oberfläche von Volumenmaterialien mit gepulsten Laserstrahlen (Pulsed Laser Deposition, PLD) werden einzelne Partikel herausgeschlagen. Dieses Verfahren ist für nahezu alle Materialien anwendbar. Die Laserimpulse können dabei zur Erzeugung von Partikeln [184, 185] oder zur direkten Strukturierung von Materialien angewendet werden, wobei minimale Strukturbreiten von unter 1 µm möglich sind [186]. Durch verbesserte Verfahren mit mehreren phasengesteuerten, interferierenden Laserstrahlen sind Strukturbreiten von bis zu 100 nm möglich [187, 188].

Die Partikelgröße und -konzentration kann sehr genau über die Laserfluenz und die Pulsenergie eingestellt werden. Da der Ablationsprozess völlig ohne mechanische Wechselwirkungen abläuft, sind die entstehenden Partikel hochrein. Je nach Trägermedium der Partikel kann dieser Prozess sowohl in gasförmiger als auch flüssiger Umgebung erfolgen, was den Vorteil einer direkten *in situ* Stabilisierung der Partikel ermöglicht.

Der Prozess kann so beeinflusst werden, dass bei der Abspaltung aus dem Volumenmaterial geladene Teilchen entstehen. Diese können direkt genutzt werden, um die Nanopartikel elektrophoretisch auf Oberflächen abzuscheiden. Aufgrund der großen Reinheit und der guten Kontrolle des Prozesses ist PLD eines der wichtigsten Verfahren zur Abscheidung von hochreinem und exakt ausgerichtetem PZT [189] und BTO [190]. Die ablatierten Partikel können auch direkt auf ein Substrat oder durch eine Maske abgeschieden werden und so dünne ferroelektrische Schichten und Nanostrukturen bilden [191, 192].

3.1.4. IMPRINT

Die Reproduzierbarkeit von Nanostrukturen für eine industrielle Anwendung ist sehr wichtig. Die Herstellung eines Stempels mit fotolithografischen Methoden, der dann mehrfach zur Abformung in thermoplastischem Polymer angewendet wird, ist Standard für die Produktion von CDs und DVDs. Die nötigen Strukturbreiten liegen dabei für CDs im Bereich von 1 µm und für DVDs bei 400 nm (Tiefe 100 nm) [178].

Theoretisch sind Strukturbreiten von bis zu 10 nm möglich. Diese werden durch die mittlere Kettenlänge der verwendeten Polymere limitiert. Diese Nanoimprint- oder Soft-Lithografie-Techniken sind schon seit einigen Jahren im Einsatz und ermöglichen eine hohe Reproduzierbarkeit. Die verwendeten Stempel haben eine Größe von einigen Quadratzentimetern und die abgeformten Strukturen sind einige 100 nm breit [193–195]. Die Probleme liegen in einer inhomogenen Haftung des Stempels und im fehlenden Materialtransport während des Imprints, was zu Lufteinschlüssen und Polymerrestschichten führt. Verschmutzte oder abgenutzte Stempel können darüber hinaus zu einer Verschlechterung des Imprintergebnisses führen.

3.2. BOTTOM-UP-VERFAHREN

Die Mehrzahl der Bottom-Up-Verfahren beruhen auf chemisch-physikalischen Reaktionen, bei denen sich durch Selbstorganisation oder lokale Abscheidung aus einzelnen stabilisierten Partikeln regelmäßige oder zufällige Nanostrukturen bilden. Da der Aufbau ausgehend von kleinen Teilchen, wie Atomen, Ionen und Molekülen, erfolgt, ist ein gutes Verständnis für die Wachstumsmechanismen erforderlich, um reproduzierbare und regelmäßige Nanostrukturen zu erzeugen. Diese Verfahren sind durch eine sehr hohe Reinheit und bei entsprechenden Prozessparametern durch hochqualitative Materialien gekennzeichnet. Oftmals ist aber die Kontrolle über die exakte Größe und Anordnung von Nanostrukturen sowie die Größenverteilung von Partikeln nur sehr begrenzt möglich.

3.2.1. TEMPLATEVERFAHREN

Das Wachstum von Nanostrukturen auf einer Oberfläche kann durch das Aufbringen von regelmäßig angeordneten Keimen gesteuert werden. Diese Keime wirken katalytisch und das abgeschiedene Material wächst vorzugsweise dort. Das Aufbringen der Keime kann dabei sowohl mit einem Elektronenstrahl [196], als auch optisch [197] erfolgen.

Eine weitere Möglichkeit ist die Verwendung von periodisch angeordneten Defekten oder Löchern als Templates, wie beispielsweise poröse Membranen aus Silizium [198, 199] oder poröses anodisch oxidiertes Aluminium [200, 201], in die ferroelektrisches Material abgeschieden wird. Die porösen Materialien beeinflussen das Wachstum von Strukturen sowohl entlang der Oberfläche [202] als auch senkrecht zur Oberfläche [203]. Strukturwachstum auf der Oberfläche der Nanoporen ist häufig bei physikalischer Dampfabscheidung zu beobachten, wohingegen ein Wachstum in den Poren durch Abscheidungen aus der Flüssigphase erreicht wird. Mit diesen porösen Materialien können Nanopunkte, Nanostäbchen und sogar Nanoröhren hergestellt werden [204–208]. Die fehlende Periodizität über große Entfernungen von chemisch geätztem nanoporösen Material ist einer der größten Nachteile dieser Technik. Lithografisch hergestellte Templates zeigen dagegen über große Bereiche eine hohe Periodizität.

3.2.2. SPEZIELLE SOL-GEL-VERFAHREN

Sol-Gel-Verfahren werden zur Herstellung von nichtmetallischen, anorganischen Verbindungen aus kolloidalen Dispersionen, den sogenannten Solen oder Präkursoren, benutzt. Aus den Präkursoren entstehen durch Hydrolyse und Kondensation feine Teilchen [209, 210], die aggregieren und nach und nach Gele bilden. Diese Gele können weiter zu porösen Nanomaterialien [211], Kompositen [212], Beschichtungen [213] oder oxidischen Nanopartikeln [214] reagieren. Die

Reaktionen laufen oftmals bei Zimmertemperatur unter sehr milden Bedingungen ab. Die erzielbaren Partikelgrößen liegen im Bereich von 1...100 nm. Durch Sintern erfolgt eine Verdichtung der Nanopartikel und es können neben dichten Formkörpern auch Schichten und Fasern hergestellt werden [215, 216]. Die Schwierigkeit besteht dabei in den schwer kontrollierbaren Synthese- und Trocknungsschritten, was den Herstellungsprozess sehr aufwendig macht.

Es gibt mehrere Ansätze zur Herstellung von PT-Nanostrukturen mithilfe eines Sol-Gel-Verfahrens [217, 218]. CALZADA et al. mischten beispielsweise den PT-Präkursor mit einer Mikroemulsion aus Tensid, Öl und Wasser [217]. Dadurch bildeten sich Mizellen mit Präkursor. Das Aufbringen eines solchen Gemisches und eine anschließende kontrollierte Trocknung führen zur regelmäßigen Anordnung der Mizellen auf der Substratoberfläche. Der letzte Temperschritt verbrennt das Tensid der Mizellen und es bilden sich PT-Partikel aus dem Präkursor. Auf ähnliche Weise ist auch die Herstellung von PZT-Nanopartikeln [219, 220] und PZT-Dünnschichten [221] möglich.

3.2.3. EPITAKTISCHES WACHSTUM

Das epitaktische Wachstum von Kristallen beschreibt das gerichtete Wachstum auf einem kristallinen Substrat. Das Material der aufwachsenden Kristalle kann entweder aus der Flüssigphase oder der Gasphase (chemisch und physikalisch) gewonnen werden. Kleine Teilchen oder Moleküle adsorbieren an der Substratoberfläche und bilden so Kristallkeime, die weiter wachsen. Es werden drei verschiedene Wachstumsmechanismen unterschieden:

(i) FRANK-VAN-DER-MERWE-Wachstum [222],

(ii) VOLMER-WEBER-Wachstum [223] und

(iii) STRANSKI-KRASTANOFF-Wachstum [224].

Das FRANK-VAN-DER-MERWE-Wachstum ist ein serielles Wachstumsverfahren, bei dem nacheinander Schicht für Schicht aufwächst (Abb. 3.3a), was beispielsweise für Metall-auf-Metall-Wachstum sehr typisch ist. Dieser Wachstumsmechanismus ermöglicht nicht die direkte Bottom-Up-Herstellung von Nanostrukturen. Entstehen zuerst kleine Inseln des Materials, sogenannte Cluster (Abb. 3.3b), liegt ein VOLMER-WEBER-Wachstum vor. Diese Cluster bilden direkt regelmäßig angeordnete Strukturen mit einer limitierten Größenverteilung. Typischerweise zeigen Metalle, die auf ein Dielektrikum abgeschieden werden, einen solchen Wachstumsmechanismus. Welcher Mechanismus vorliegt, ist stark von strukturellen (Abweichung der Gitterkonstanten von Substrat und Adsorbat), energetischen (Affinität zwischen Atomen des Adsorbats untereinander und dem Substrat) und prozesstechnischen (Abscheidungsrate, Temperatur) Randbedingungen abhängig. Der Einfluss der energetischen Randbedingungen kann sich während des Wachstumsprozesses beispielsweise durch innere Spannungen ändern und zu einem STRANSKI-KRASTNOFF-Wachstum führen. Dabei bildet sich erst eine geschlossene Schicht, die aber aufgrund der geänderten inneren Spannungen dann als Cluster weiterwächst (Abb. 3.3c).

Diese Verfahren können nur sehr eingeschränkt für das regelmäßige Wachstum von Nanostrukturen verwendet werden. Verfahren wie die thermische Dampfabscheidung sind statistische Prozesse, bei denen die Strukturen nur in einem geringen Maße regelmäßig angeordnet sind und eine sehr breite Größenverteilung besitzen [225]. Verbesserte Verfahren, wie Molekularstrahlepitaxie [226] und Laserdesorption [227], liefern deutlich engere Größenverteilungen [178].

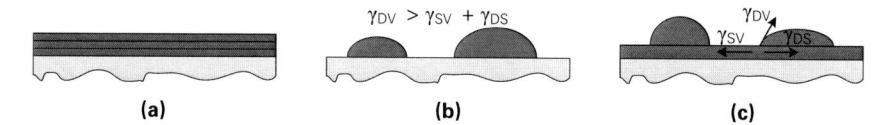

Abbildung 3.3.: Wachstumsmechanismen bei Epitaxie: (a) FRANK-VAN-DER-MERWE-Wachstum, (b) VOLMER-WEBER-Wachstum und (c) STRANSKI-KRASTANOFF-Wachstum. In (c) sind die wirkenden Oberflächenspannungen eingezeichnet: γ_{SV} Spannung zwischen Substrat und Vakuum, γ_{DS} Spannung zwischen abgeschiedenem Material und Substrat, γ_{DV} Spannung zwischen abgeschiedenem Material und Vakuum.

Eine weitere Möglichkeit ist die gezielte Beeinflussung des Wachstums durch das Ausnutzen von Selbstorganisationsprozessen.

3.2.4. SELBSTANORDNUNG

In der Natur ist eine Vielzahl von Selbstorganisationsmechanismen vorhanden, die sich auf die Technik übertragen lassen. Diese Selbstorganisationsmethoden sind oftmals schneller und günstiger als derzeitige Standardlithografieprozesse (Abschn. 3.1.1). Allerdings sind deren Prinzipien bisher noch nicht vollständig verstanden, so dass die exakte Kontrolle sehr schwer ist.

a. BLOCK-COPOLYMER-LITHOGRAFIE

Ein Beispiel für Selbstanordnung ist die Verwendung von Diblock-Copolymeren als Maskenmaterial, die aus zwei verschiedenen Polymerketten bestehen. Diese zwei Polymere können sich nicht selbstständig voneinander trennen und bilden so makroskopisch geordnete Strukturen. Größe und Form der Strukturen können durch die Anpassung des Molekulargewichts und die Zusammensetzung der beiden Polymere beeinflusst werden. Dadurch lassen sich Strukturen wie Kugeln, Zylinder und Lamellen realisieren [228], welche dann als Masken für die sogenannte Block-Copolymer-Lithografie verwendet werden [229].

b. LANGMUIR-BLODGETT-FILME

LANGMUIR-BLODGETT-Filme beruhen auf der exakten Ausrichtung von Molekülen mit einem hydrophilen und einem hydrophoben Ende. Die polaren Moleküle befinden sich an einer Wasser-Luft-Grenzschicht und werden mit einer Teflonbarriere komprimiert, so dass sie eine dichte monomolekulare Schicht bilden [230–232]. Die Triebkraft für die Bildung dieser monomolekularen Schicht ist die starke Bindungsenergie des hydrophilen Endes des Tensids mit der Wasseroberfläche. Dies führt zu einer Ausrichtung der hydrophoben Enden der komprimierten Schichten. Durch senkrechtes Eintauchen von Substraten haften die hydrophoben Enden an den Substraten und bilden darauf eine geschlossene Schicht. Wird das Substrat wieder herausgezogen, haften an den hydrophilen Enden andere hydrophile Enden und es bildet sich eine zweite monomolekulare Schicht. Durch Wiederholung des Prozesses können Schichten bis zu einigen Mikrometern Dicke abgeschieden werden [231].

Statt des Selbstanordnungsmechanismus, beruhend auf den hydrophilen und hydrophoben Wechselwirkungen, können auch chemische Reaktionen zwischen den Endgruppen genutzt werden [233].

3.3. HYBRIDVERFAHREN

In diesem Abschnitt werden zwei Verfahren vorgestellt, die jeweils Kombinationen von Top-Down- oder Bottom-Up-Verfahren bilden.

3.3.1. RASTERSONDEN-METHODEN

Die Rastersonden-Mikroskopie kann nicht nur zur Abbildung von Oberflächen mit atomarer Auflösung, sondern auch zur Manipulation auf atomarer Ebene verwendet werden [178]. Neben der lokalen Metallabscheidung und der lokalen Oxidation verschiedener Oberflächen lässt die Rasterkraft-Mikroskopie auch die Strukturierung von organischen Schichten durch mechanische Einwirkung [234, 235], thermische Felder [236] und elektrische Felder [237] zu. Wird zusätzlich noch ein Laser verwendet und auf die Spitze fokussiert, kommt es zu einer lokalen Erhöhung des elektromagnetischen Feldes an der Spitze, was für die gezielte Oberflächenveränderung genutzt werden kann [238, 239].

Ein Beispiel für die Manipulation von Strukturen auf atomarer Ebene sind die sogenannten „Quantum Corrals" [240], bei denen Eisen- oder Cobaltatome gezielt einzeln mit der Spitze eines Rastertunnel-Mikroskops manuell angeordnet wurden. Auf diesem Ansatz beruht auch die Dip-Pen-Lithografie [241]. Die Spitze des Cantilevers wird dabei als Stift verwendet, um Moleküle über Kapillarkräfte auf die Probe zu schreiben.

3.3.2. NANOKUGELLITHOGRAFIE

Die Nanokugellithografie (Nanosphere Lithography, NSL) nutzt eine selbstanordnende Maske (Bottom-Up) zur Strukturierung darunter liegender dünner Schichten (Top-Down). FISCHER et al. [242] und DECKMAN et al. [243] waren die ersten Gruppen, die in den frühen 1980er Jahren einen Nanostrukturierungsprozess unter Verwendung kolloidaler Partikel als Maske vorstellten. Die Fortschritte in der Kolloidchemie der letzten Jahre haben die Produktion von monodispersen, kolloidalen Nanopartikeln mit sehr schmaler Größenverteilung und guter Phasenstabilität ermöglicht. Diese Dispersionen besitzen aufgrund der Wechselwirkungskräfte zwischen den Partikeln untereinander und der Lösung einen Ordnungsmechanismus mit großer Reichweite. Dieser Mechanismus führt dazu, dass sich die Partikel auf Oberflächen selbstständig zu zweidimensionalen Arrays anordnen, welche in der Nanokugellithografie entweder als Ätz- oder Schattenmaske verwendet werden. Die Vorteile dieser Technik gegenüber herkömmlichen Lithografieverfahren (Abschn. 3.1.1) sind:

- Kolloiddispersionen sind zu geringen Kosten kommerziell erhältlich.

- Es wird keine aufwendige Ausrüstung benötigt, um Strukturen bis hinunter zu 10 nm Größe herzustellen.

- Die Masken können sehr einfach durch Dip-Coating oder Spin-Coating hergestellt werden.

- Der Materialverbrauch dieser Beschichtungsverfahren ist sehr gering.

- Die resultierenden Strukturen können durch Anordnung und Größe der Kolloidpartikel beeinflusst werden.

- Die Form der Kolloidpartikel und der resultierenden Strukturen kann durch Ätzen, Tempern und schräge Bedampfung verändert werden.

- Die Beschichtung mit mehreren Lagen ermöglicht die Herstellung von 3D-Strukturen, wie z.B. halbkugelförmiger Metallkappen [244] und Nanoringen [245].

- Nanokugellithografie ist für Biomaterialien und -systeme anwendbar, da eine Oberflächenaktivierung der Materialien möglich ist.

a. HERSTELLUNG VON POLYMERDISPERSIONEN

Eine Dispersion besteht aus einer feinen dispersen Phase, wie beispielsweise Feststoffpartikeln, in einer kontinuierlichen Phase, z.B. einer Flüssigkeit. Haben diese Partikel eine Größe von weniger als 1 nm, wird von einer echten Lösung gesprochen. Partikel mit einem Durchmesser zwischen 1 nm und 1 µm in einer kontinuierlichen Phase werden als kolloidale Dispersion bezeichnet und Dispersionen mit Partikeldurchmessern von mehr als 1 µm als grobe Dispersionen [246]. Wenn im Folgenden von Polymerdispersionen die Sprache ist, sind stabile Dispersionen mit Polymerpartikeln in einer wässrigen Phase gemeint.

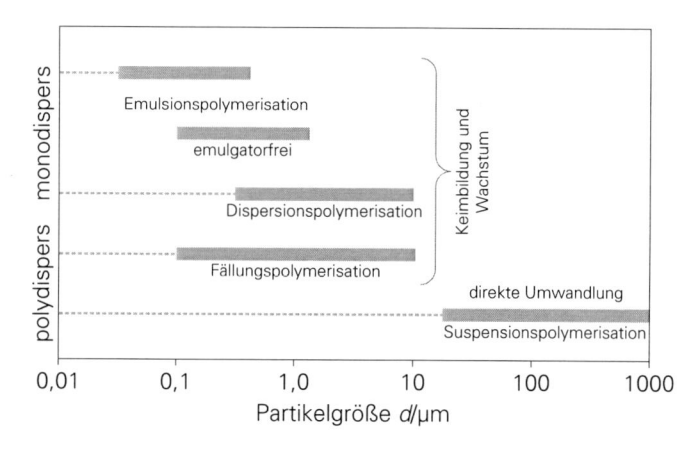

Abbildung 3.4.: Verfahren zur Herstellung von Polymerdispersionen (nach [247]).

Die Herstellung solcher Dispersionen erfolgt durch eine Polymerisation in einer heterogenen Phase. Nach ARSHADY et al. können grundsätzlich vier verschiedene Verfahren unterschieden werden: Suspensions-, Emulsions-, Dispersions- und Fällungspolymerisation [247]. Die Unterschiede der vier Verfahren liegen im Ausgangszustand zu Beginn der Polymerisation, dem Mechanismus der Partikelbildung und in Form und Größe der entstehenden Partikel (Abb. 3.4). Emulsions- und Suspensionspolymerisation gehören zu den zwei klassischen Verfahren zur Herstellung sphärischer Nanopartikel und werden besonders häufig angewandt. Die Emulsionspolymerisation eignet sich für Partikel mit Durchmessern von weniger als 1 µm und einer sehr engen Größenverteilung [248]. Die Vorteile der Emulsionspolymerisation gegenüber der Lösungspolymerisation sind [246]:

- Die Viskosität ist auch bei hohem Feststoffgehalt sehr niedrig.

- Die Viskosität des Emulsionspolymerisats ist unabhängig vom Molekulargewicht der Makromoleküle.

- Die Reaktionswärme kann durch einfaches Rühren besser abgeführt werden, was eine bessere Kontrolle über die Reaktion ermöglicht.

- Die Reaktionen laufen bei vergleichsweise niedrigen Temperaturen ab (< 100°C).

Als Maskenmaterial für die Herstellung von Nanostrukturen kommt nur die Emulsionspolymerisation in Betracht (Abb. 3.4).

Das Ausgangssystem einer Emulsionspolymerisation besteht aus einer kontinuierlichen Phase, einem unlöslichen Monomer, einem Emulgator und einem löslichen Initiator. Der Emulgator dient zur Aktivierung der Oberflächen für die Polymerisation. Reaktionen, die ohne oberflächenaktive Substanzen ablaufen, werden als emulgatorfreie Emulsionspolymerisationen bezeichnet. Die Polymerisation selbst besteht aus drei Schritten [250] und ihr liegt die freie radikalische Kettenwachstumsreaktion zugrunde. Im Folgenden wird von einer Reaktion in Wasser ausgegangen [246]:

Schritt I – Teilchenbildung: Das unlösliche Monomer wird durch kontinuierliches Rühren in Wasser dispergiert. Ist eine kritische Konzentration des Emulgators überschritten, lagern sich die Emulgatormoleküle, die ein hydrophiles und ein hydrophobes Ende besitzen, zu sogenannten Mizellen zusammen. Emulgatormoleküle, die sich nicht zusammenlagern, stabilisieren die Mizellen in der Lösung, lagern sich an der Wasseroberfläche ab oder verbleiben als freie Moleküle in der Lösung [251]. In das hydrophobe Innere der Mizellen lagert sich Monomer ein und wird durch den umgebenden Emulgator stabilisiert.

Zum Start der Polymerisation ist ein wasserlöslicher Initiator, üblicherweise Peroxidisulfat, nötig. Der Initiator startet die Polymerisation in erster Linie an den im Wasser dispergierten Monomermolekülen. Diese werden zu sogenannten Oligoradikalen polymerisiert, welche anschließend zu den mit Monomer gefüllten Mizellen wandern und auch dort den Polymerisationsprozess starten. Dadurch wachsen die Mizellen und es lagern sich weitere freie Emulgatormoleküle an. Nachdem ungefähr 10% bis 20% des Monomers polymerisiert sind, unterschreitet der Emulgator die kritische Konzentration für die Mizellenbildung. Da nun keine weiteren Mizellen mehr gebildet werden können, entstehen in der Lösung auch keine neuen Polymerpartikel mehr.

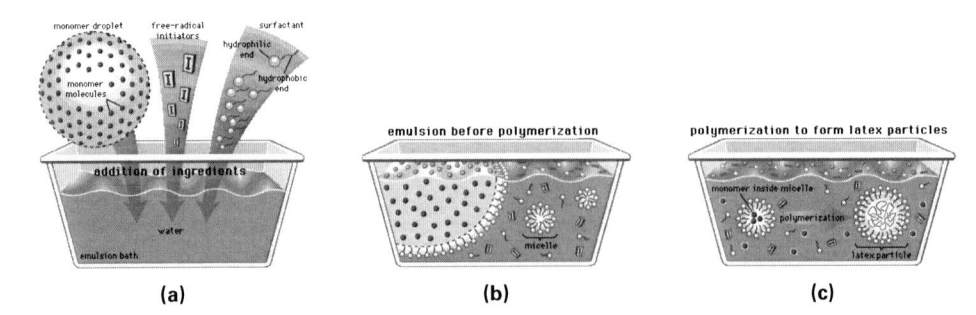

Abbildung 3.5.: Verfahrensschritte bei der Emulsionspolymerisation. (a) Zugabe der Reaktionskomponenten, (b) Zustand der Emulsion vor der Polymerisation und (c) Ablauf der Polymerisation (aus [249]).

Schritt II – Wachstum: In dieser Phase sind sämtliche freie Emulgatormoleküle aufgebraucht, so dass sich keine neuen Polymerpartikel mehr bilden können. Durch die Polymerisation innerhalb der Mizellen nimmt die Monomerkonzentration im Inneren immer weiter ab und es entsteht ein Konzentrationsgradient, der dazu führt, dass aus den dispergierten Monomertröpfchen weiteres Material in die Mizellen diffundiert und die Polymerpartikel wachsen weiter. Nachdem ca. 60 % der dispergierten Monomertröpfchen aufgebraucht und in den Mizellen polymerisiert sind, verlangsamt sich die Reaktion. Im Reaktionsgemisch liegen nun ca. 10^8-mal mehr Mizellen als Monomertröpfchen vor. Dadurch ist es immer unwahrscheinlicher, dass ein wachsendes Polymerradikal auf ein Monomertröpfchen trifft und somit weiter wächst.

Schritt III – Verarmung und Abbruch: Die restlichen Monomermoleküle in den Mizellen werden polymerisiert, so dass die Monomerkonzentration immer weiter sinkt und die Reaktionsgeschwindigkeit abnimmt. Wenn das Monomer vollständig verbraucht ist, endet die Reaktion [252].

Die Partikelgröße kann recht einfach durch die Kontrolle der Reaktionsbedingungen, wie Monomerkonzentration, Reaktionstemperatur und pH-Wert gesteuert werden. Eine *in-situ*-Kontrolle der Reaktion ist durch die Überwachung der Oberflächenspannung des Reaktionsgemisches möglich. Dadurch lässt sich der Anteil der freien Emulgatormoleküle in der Dispersion bestimmen.

Der Vollständigkeit halber sei erwähnt, dass auch anorganische Partikel als Maskenmaterial verwendet werden können. Diese werden hauptsächlich über Sol-Gel-Verfahren hergestellt. Die Anfangsgröße solcher Partikel kann nur sehr schwer kontrolliert werden, aber durch Keimbildung und anschließendes Wachstum lässt sich die Größe dennoch sehr gut anpassen [253].

b. ANORDNUNG VON NANOKUGELN

Die mit der Technik von Abschn. 3.3.2a hergestellten Polymerpartikel besitzen eine sehr enge Größenverteilung und können über eine Vielzahl unterschiedlicher Zusammensetzungen und Oberflächenaktivierungen verfügen. Typische Vertreter sind Partikel aus Polystyrol (PS) und Polymethylmethacrylat (PMMA).

Monodisperse Polymerpartikel sind für die Beschichtung in der Mikrosystemtechnik sehr gut geeignet, da ihre Bewegung in der Lösung durch verschiedene Kräfte beeinflusst wird [254]. VAN-DER-WAALS-Kräfte, sterische Abstoßung und COULOMB-Kräfte sind für die Stabilität der Dispersionen verantwortlich und bewirken, dass die Partikel keine Agglomerationen und Aggregationen bilden und dass sich die Polymerphase nicht von der flüssigen Phase trennt. Dieses Verhalten kann durch die DERJAGUIN-LANDAU-VERWEY-OVERBEEK-Theorie beschrieben werden [255]. Außerdem spielen diese Kräfte eine entscheidende Rolle bei dem Selbstanordnungsprozess zu Nanokugelmasken. Das Verdunsten des Wassers bzw. organischen Lösungsmittels erzeugt Kapillarkräfte, die dazu führen, dass sich hexagonal geschlossene Monolagen aus Nanokügelchen bilden. Abbildung 3.6 zeigt verschiedene Methoden zur Herstellung von Monolagen aus Polymerkugeln.

Dip-Coating war eine der ersten angewandten Methoden [256] (Abb. 3.6a). Das Substrat, welches mit einer Maske beschichtet werden soll, wird in die Dispersion mit den Nanokugeln getaucht. Beim langsamen und gleichmäßigen Herausziehen des Substrats

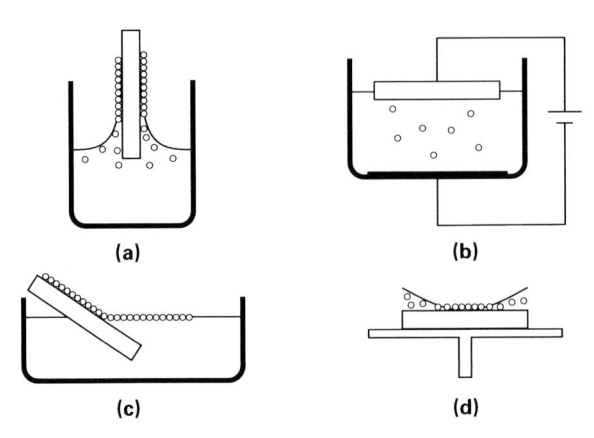

Abbildung 3.6.: Abscheidungstechniken für hexagonal geschlossene Monolagen aus Polymernanokugeln: (a) Dip-Coating, (b) elektrophoretische Beschichtung, (c) Abheben von einer Flüssigkeits–Gas-Grenzschicht und (d) Spin-Coating.

bildet sich an der Oberfläche ein dünner Dispersionsfilm. Die kontrollierte Anordnung der Polymerkugeln auf der Oberfläche beginnt, sobald die Dicke der Dispersionsschicht kleiner als der Durchmesser der Kugeln wird. Dieser Selbstorganisationsprozess wird durch eine Konvektionsströmung erzeugt, die durch das Verdampfen des Wassers auf der Substratoberfläche entsteht. Diese Strömung reißt die Partikel mit und verdichtet sie zu einer hexagonal dichten Monolage. Die gebildeten Monoschichten sind polykristallin und die Größe der Kristalliten bewegt sich im Bereich zwischen einigen Nanometern und einigen Mikrometern. Dennoch zeigen sie Defekte wie Korngrenzen, Versetzungen, Leerstellen und Variationen in der Schichtdicke. Für Schichten mit geringer Defektdichte sind sie deshalb nicht einsetzbar.

Elektrophoretische Abscheidung ist ein sehr schnelles und einfaches Verfahren. Die Bewegung der Partikel wird durch ein elektrisches Wechsel- oder Gleichfeld elektrodynamisch beeinflusst (Abb. 3.6b) [257, 258]. Trotzdem kann die Abscheidung der Partikel auf dem Substrat nicht direkt gesteuert werden, sondern erfolgt zufällig. Aufgrund dieses zufälligen Abscheidungsprozesses ist die Herstellung von größeren Bereichen mit einer geschlossenen Monolage nicht möglich. Vielmehr entstehen Bereiche mit vereinzelten Partikeln und Bereiche mit Agglomerationen.

Anordnung an einer Flüssigkeits–Gas-Grenzschicht ist die erfolgversprechendste Methode für die Laboranwendung (Abb. 3.6c) [259]. Besonders gut sind dabei Wasser–Luft-Grenzschichten für hexagonal geschlossene Monolagen geeignet, wohingegen sich an einer Öl–Luft-Grenzschicht keine geschlossenen Monolagen bilden [260]. Die Partikel haben zwar auch eine hexagonale Anordnung, besitzen aber einen gleichmäßigen Abstand zu den Nachbarpartikeln. Daraus lässt sich schlussfolgern, dass an einer Öl–Luft-Grenzschicht höhere elektrostatische Abstoßungskräfte zwischen den Partikeln vorhanden sind. Die Monolagen können durch Abheben auf die eigentlichen Substrate transferiert werden. Obwohl diese Methode mit einer LANGMUIR-BLODGETT-Technik kombiniert werden kann, um die Monolagen auf Substrate zu transferieren [261], eignet sie sich bisher nur bedingt für den großtechnischen Einsatz.

Spin-Coating ist der beste Ansatz für eine großindustriell einsetzbare Methode (Abb. 3.6d). Es ist eine sehr schnelle Beschichtungsmethode für kleine Substrate und ganze Wafer, die schon jetzt in Standard-CMOS-Prozessen verwendet wird. Der Wafer wird auf einem Rotationsteller mit Vakuum oder einer Spannvorrichtung fixiert. Die Dispersion wird auf den Wafer getropft und der Teller mit dem Wafer in Rotation versetzt. Durch die Fliehkräfte verteilt sich die Dispersion homogen über dem gesamten Wafer und es bildet sich eine definierte Schichtdicke, die von der Rotationsgeschwindigkeit und den Haftungseigenschaften zwischen Substrat und Dispersion abhängt. Die Dichte der Partikel und sogar die Anzahl der Monolagen können über die Spin-Parameter (Geschwindigkeit, Beschleunigung und Schleuderzeit) und die Eigenschaften der Dispersion (Partikelkonzentration, Viskosität, Zusatz von Lösungsmitteln) kontrolliert werden. Dieses breite Parameterspektrum kann sowohl für die Herstellung von hexagonal geschlossenen Mono- und Multilagen als auch für einzelne Partikel mit einer statistischen Verteilung und einstellbarer Dichte verwendet werden.

Obwohl sich die Nanokugellithografie erst in einem relativ frühen Entwicklungsstadium befindet, stellt sie eine aussichtsreiche Alternative zur konventionellen Lithografie dar. Beispielsweise entwickelten CANPEAN et al. eine neue Methode zur konvektiven Beschichtung von Materialien [262], mit der es möglich ist, in wenigen Minuten mehrere Quadratzentimeter mit geschlossenen Monolagen zu beschichten.

c. ANPASSUNG DER NANOKUGELMASKEN

Für die Herstellung definierter Strukturen ist die Anpassung von Form und Größe der einzelnen Nanopartikel notwendig. Nanostrukturen für Metamaterialien oder für Anwendungen der Oberflächenplasmonenresonanz (LSPR) [263] und Raman-Streuung (SERS) [264] benötigen beispielsweise anstelle der typischen kreisförmigen und dreieckigen Strukturen spezielle Formen, wie Ringe und Rechtecke. Um die Beschränkung auf Kreise und Dreiecke zu umgehen, gibt es zwei Möglichkeiten:

(i) Bedampfen unter einem bestimmten Winkel und

(ii) Anpassung der Maske vor den Ätz- bzw. Abscheidungsschritten.

Typische Verfahren zur Modifikation der Maske sind reaktives Ionenätzen (Reactive Ion Etching, RIE), Ionenstrahlätzen (Ion Beam Etching, IBE) und Tempern. Besonders mit reaktivem Ionenätzen lassen sich die Größe und Form der Maske vielseitig beeinflussen. Abbildung 3.7 zeigt eine Reihe von REM-Bildern von Nanokugelmasken, die mit RIE modifiziert wurden. Dabei wurden die Ätzparameter so gewählt, dass während des Ätzprozesses ein Maximum an Isotropie auftritt. Dadurch wurde sichergestellt, dass die Größe der Partikel sehr homogen reduziert wird. ZHANG et al. stellten eine empirische Gleichung auf, welche die Verkleinerung des Anfangsdurchmessers D_0 von Polystyrol-Nanopartikeln beim reaktiven Ionenätzen mit Sauerstoff in Abhängigkeit von der Ätzzeit t beschreibt [265]:

$$D = D_0 \cos\left(\arcsin \frac{k \cdot t}{2D_0}\right). \tag{3.3}$$

Die Konstante k ist abhängig von den Ätzparametern, wie Leistung, Druck und Reaktionsgase. LI et al. untersuchten den Einfluss verschiedener Ätzparameter, insbesondere des Gasgemisches, auf die Ätzrate von Polystyrol-Nanokugeln [266].

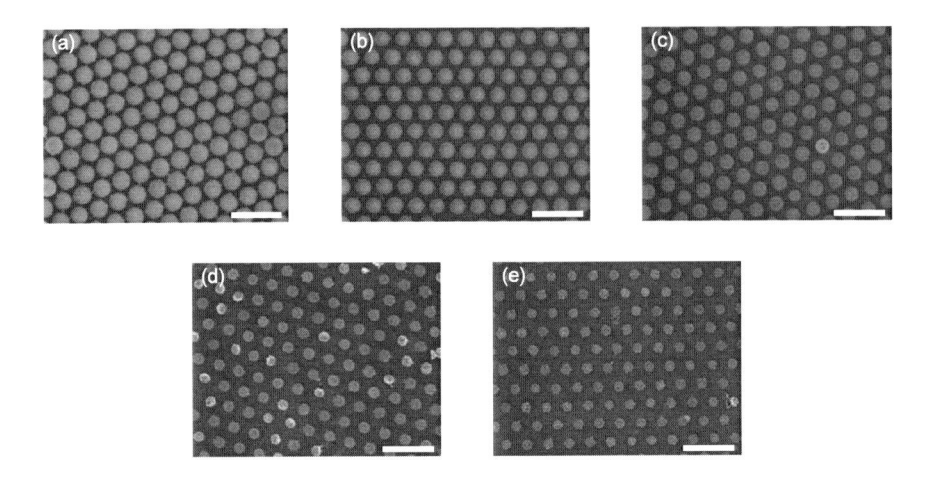

Abbildung 3.7.: Anpassung der Kugeldurchmesser einer Polystyrol-Nanokugel-Maske durch reaktives Ionenätzen. Die REM-Bilder wurden nach einer Ätzzeit von (a) 4 min, (b) 6 min, (c) 8 min, (d) 10 min and (e) 12 min aufgenommen. Der Durchmesser der Kugeln wurde von ~ 830 nm auf ~ 360 nm (e) reduziert. Der weiße Balken hat eine Länge von 2 µm.

Mit mehrlagigen Masken kann eine große Vielfalt von unterschiedlichen Strukturen erzielt werden. Kolloidpartikel in Multilagen formen entweder kubisch flächenzentrierte (fcc) oder hexagonal dichte (hcp) Packungen. In Abhängigkeit von der Orientierung der Lagen, deren Anzahl und den Prozessbedingungen des reaktiven Ionenätzens lassen sich eine Vielzahl unterschiedlicher Strukturen, wie Mikrokanäle, V-förmige Riefen oder pyramidenförmige Vertiefungen, herstellen [267].

d. NANOKUGELN ALS SCHATTENMASKE

Monolagen aus Nanokugeln können direkt als Schattenmaske für das Bedampfen oder Sputtern verwendet werden. Durch die Wahl des Anfangsdurchmessers der Nanokugeln kann die Größe der entstehenden Strukturen zwischen 20 und 1000 nm variiert werden [268]. Für die Vorhersage der Größe der entstehenden Strukturen wird eine hexagonal dichte Packung von Kugeln angenommen. Daraus lassen sich die Abmaße der dreiecksförmigen Strukturen auf dem Substrat berechnen (Abb. 3.8). Li et al. berechneten die Strukturgröße a, den Abstand zwischen den Strukturen d und die Strukturdichte F als Funktion des Anfangsdurchmessers D_0 der Partikel [269]. Die Strukturdichte F gibt die Anzahl der abgeschiedenen Nanoelemente je Fläche an.

Experimentelle Untersuchungen zeigten eine gute Übereinstimmung der berechneten und gemessenen Werte mit nur sehr geringen Abweichungen [270]. Die entstehenden Strukturen werden also durch die freien Räume zwischen den Kugeln, die als Negativmaske wirken, definiert.

Trotzdem besitzen alle abgeschiedenen Strukturen dreieckige Formen, wenn das Material senkrecht zum Substrat abgeschieden wird. Das Kippen der Substrate oder der Materialquelle führt zu weiteren gegenseitigen Abschattungseffekten der Kugeln. Damit lassen sich spezielle Strukturen, wie beispielsweise Schalen, Stäbchen und Fäden, herstellen [271]. Abbildung 3.9

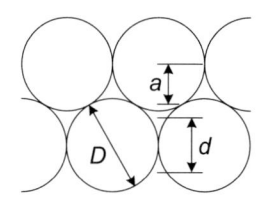

$$a = 3\left(\sqrt{3} - 1 - \frac{1}{\sqrt{3}}\right)\frac{D_0}{2} \quad (3.4)$$

$$d = \frac{1}{\sqrt{3}}D_0 \quad (3.5)$$

$$F = \frac{4}{\sqrt{3}D_0^2} \quad (3.6)$$

Abbildung 3.8.: Modell einer hexagonal dichten Kugelpackung und Gleichungen zur theoretischen Berechnung der Strukturgröße a, des Abstands d der Mittelpunkte zweier benachbarter Strukturen und der Strukturdichte F (nach [269]).

zeigt den Einfluss der Probenneigung auf die resultierenden Strukturen. Die Kombination mehrerer solcher Bedampfungsschritte unter unterschiedlichen Winkeln und gegebenenfalls auch mit unterschiedlichen Materialien erweitert die Palette der herstellbaren Strukturen abermals. ZHOU et al. [272] und RETSCH et al. [273] verwendeten eine Kombination verschiedener Bedampfungs- und Ätzschritte unter unterschiedlichen Winkeln zur Herstellung von dreidimensionalen Nanostrukturen.

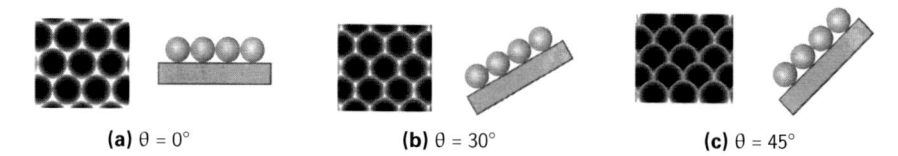

(a) $\theta = 0°$ **(b)** $\theta = 30°$ **(c)** $\theta = 45°$

Abbildung 3.9.: Einfluss des Kippwinkels θ auf die Bedampfung: (a) $\theta = 0°$: Die Zwischenräume der Maske sind gleich groß und periodisch angeordnet. (b) $\theta = 30°$: Die Abstände der Zwischenräume besitzen zwei unterschiedliche Periodizitäten und die Größe der dreieckigen Zwischenräume ist reduziert. (c) $\theta = 45°$: Die dreieckigen Zwischenräume werden zu dünnen Linien verbunden (nach [268]).

e. NANOKUGELN ALS ÄTZMASKE

Werden nicht modifizierte Masken aus Nanokugeln für einen anisotropen Ätzprozess benutzt, lassen sich damit kleine dreiecksförmige Vertiefungen ätzen (Abb. 3.8). Wird die Maske aber in einem vorangegangenen Schritt angepasst und verkleinert, lassen sich im Material freistehende Erhebungen erzeugen. Besonders gut eignen sich Trockenätzprozesse mit einer hohen Anisotropie. Während des Ätzvorgangs sollte die Maske resistent gegenüber dem Ätzer sein oder aber höchstens so schnell wie das zu strukturierende Material geätzt werden. Die Kombination von Maskenmaterial und zu ätzender Schicht muss sehr sorgfältig gewählt werden oder aber es wird auf ein alternatives, nicht selektives Ätzverfahren zurückgegriffen, wie beispielsweise das Ionenstrahlätzen. Mit Ionenstrahlätzen lassen sich aufgrund der hohen Anisotropie sehr einfach senkrechte Wände erzeugen und die Maske kann nahezu 1 : 1 in das Material übertragen werden.

Nach dem Ätzen muss das restliche Maskenmaterial mit einem entsprechenden Lösungsmittel und eventuell durch mechanische Unterstützung (Ultraschallbad) entfernt werden. Für Polystyrol eignen sich Dichlormethan oder Chloroform als Lösungsmittel [274].

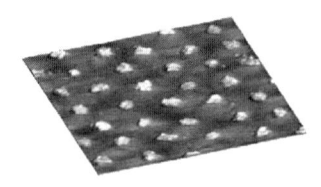

Abbildung 3.10.: Dreidimensionale AFM-Darstellung einer Dünnschicht, die mithilfe von Nanokugellithografie strukturiert wurde.

4. MATERIALIEN UND METHODEN

In diesem Kapitel werden die technologischen Experimente und Herstellungsschritte für nanostrukturierte PZT-Schichten näher erläutert. Darüber hinaus werden die Analysemethoden und Versuchsaufbauten für die Untersuchung der Materialeigenschaften von PZT-Nanopunktarrays dargestellt. Abbildung 4.1 zeigt die wichtigsten technologischen Schritte, die im Folgenden näher betrachtet werden. Bevor die Technologie der Nanostrukturierung im Detail dargestellt wird, werden die Herstellung der dünnen PZT-Schichten sowie die Synthese des Maskenmaterials kurz umrissen.

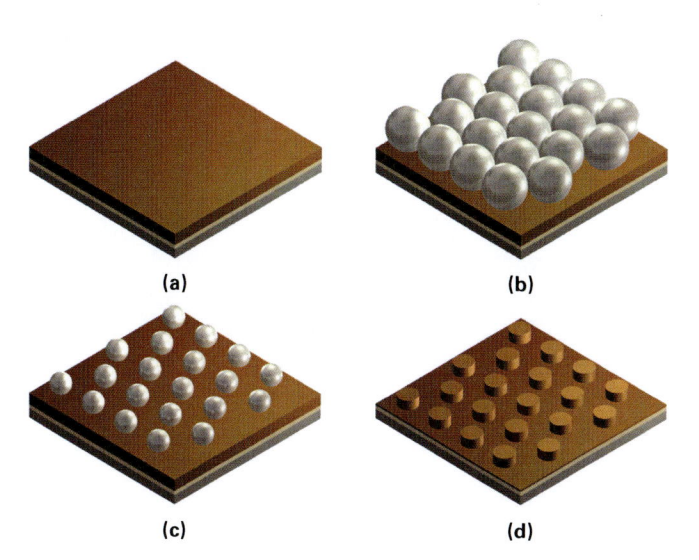

Abbildung 4.1.: Technologische Schritte zur Herstellung von Nanopunktarrays aus PZT: (a) Ausgangswafer (Si/SiO$_2$, Pt/TiO$_2$, PZT), (b) Abscheidung einer hexagonal dichten Monolage von Polymerkugeln, (c) Plasmaätzen (RIE) der Polymermaske und (d) Strukturtransfer durch Ionenstrahlätzen (IBE).

4.1. MULTI-TARGET-SPUTTERN VON BLEI-ZIRKONAT-TITANAT

Sputtern (oder auch Zerstäuben) bezeichnet das Abspalten von Teilchen von einer Targetoberfläche durch auftreffende Partikel mit hinreichend hoher Energie. Solche Partikel sind meistens Ionen, können aber auch Atome, Neutronen, Elektronen oder Photonen sein.

Die Anwendungen sind vielfältig. Ein sehr wichtiges Einsatzgebiet in der Oberflächenphysik ist beispielsweise die Analyse der chemischen Zusammensetzung von Materialien (z.B. SIMS[1], SNMS[2]). Von industrieller Bedeutung ist die Abscheidung dünner Filme durch die Kondensation der gesputterten Targetpartikel auf einem Substrat. Je nach Anregung wird zwischen Gleichstrom- und Hochfrequenz-Sputtern (DC- und HF-Sputtern) unterschieden. HF-Sputtern hat den Vorteil, dass sich auch nicht leitfähige Materialien beschichten lassen. Beim Magnetron-Sputtern ist im Gegensatz zum DC- und HF-Sputtern hinter der Kathode zusätzlich ein Magnetfeld angeordnet. Durch die Überlagerung des magnetischen und des elektrischen Feldes bewegen sich die Ladungsträger im Plasma nicht mehr parallel zu den elektrischen Feldlinien, sondern auf Zykloidenbahnen. Dadurch wird die mittlere freie Weglänge vergrößert, es finden mehr Stoßprozesse statt und die Sputterrate steigt an. Für weitere Informationen zu den Grundlagen der Sputtertechnik sei auf [275–277] verwiesen.

Die in dieser Arbeit verwendeten PZT-Dünnschichten werden durch reaktives Multi-Target-Magnetron-Sputtern hergestellt. Als Sputtersystem kommt das kommerzielle Cluster System LS 730 (VON ARDENNE Anlagentechnik, Dresden) zum Einsatz. Die Anlage bietet Platz für vier verschiedene Targets und ist als planares System aufgebaut (Abb. 4.2). Für die Herstellung von PZT werden drei verschiedene Targets (Pb, Zr, Ti) mit einer Reinheit von jeweils 99,9 %, 99,8 % und 99,5 % verwendet. Als reaktives Prozessgas kommt O_2 zum Einsatz. Die Reaktion in der Sputteranlage erfolgt gemäß der Gleichung

$$Pb + x\,Zr + (1-x)\,Ti + \tfrac{3}{2}O_2 \longrightarrow PbZr_x Ti_{1-x}O_3\,.$$

Die Kristallinität und Orientierung direkt zu Beginn der Abscheidung haben einen entscheidenden Einfluss auf das folgende Schichtwachstum und somit die endgültige Schichtqualität. Das initiale Wachstum ist also ausschlaggebend für die weitere Keimbildung der Perowskitphase in einer definierten Richtung (vgl. Abschn. 2.1.3). Eine reine Pt-Elektrode mit (111)-Ausrichtung hat noch keinen großen Einfluss auf das Wachstum von PZT, sondern führt zu polykristallinen Schichten mit zufälliger Orientierung [60]. Die Keimbildungsrate und Orientierung von PZT können sehr einfach durch eine dünne TiO_2-Schicht auf einer (111)-Pt-Elektrode kontrolliert werden [61, 278]. Unterhalb einer kritischen Dicke der TiO_2-Schicht führt dies zum Wachstum von vorwiegend (111)-ausgerichteten PZT-Schichten. Überschreitet die TiO_2-Schicht diese kritische Dicke, entstehen zufällig orientierte PZT-Filme. Experimente haben gezeigt, dass die kritische Dicke für eine TiO_2-Schicht im Bereich von 1…2 nm Dicke liegt [61, 279].

Die Details der Abscheidung von dünnen PZT-Schichten mit Multi-Target-Magnetron-Sputtern sind in [279] und in Tabelle 4.1 dargestellt.

---

[1] Sekundärionen-Massenspektrometrie nutzt die geladenen Sekundärteilchen, die durch den Beschuss mit Primärionen entstehen. Diese Teilchen werden in einem Massenanalysator registriert und geben eine hochauflösende Aussage über die Bestandteile der Probe.

[2] Sekundär-Neutralteilchen-Massenspektrometrie ähnelt SIMS. Es werden die abgesputterten neutralen Teilchen analysiert, die nach dem Sputtern beispielsweise durch einen Laser ionisiert werden. Daher ist diese Methode auch für isolierende Materialien anwendbar.

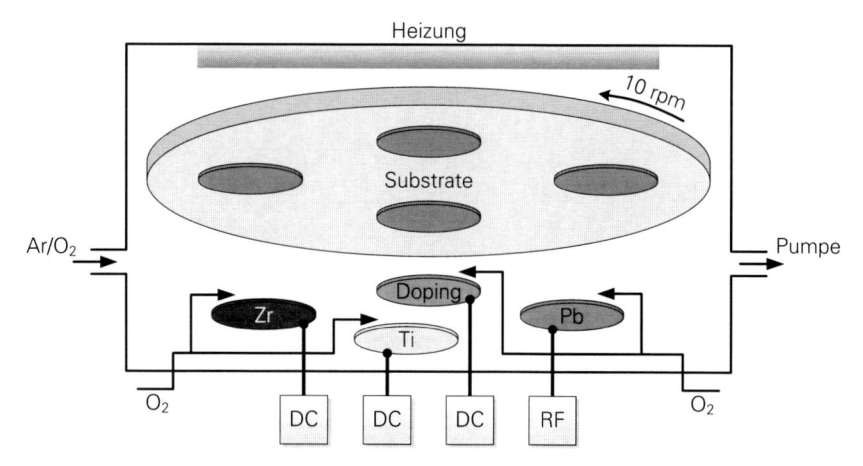

Abbildung 4.2.: Targetanordnung in der Reaktionskammer der Sputteranlage LS730 (nach [280]). Die Substrate sind oberhalb der Targets angeordnet, um eine Verunreinigung durch herabfallende Fremdpartikel zu vermeiden.

4.2. CHARAKTERISIERUNG DER PZT-SCHICHTEN

Um die Veränderungen der ferroelektrischen Eigenschaften der PZT-Schichten durch Nanostrukturierung auswerten zu können, müssen die Eigenschaften des Ausgangsmaterials bekannt sein. Insbesondere die Orientierung und Zusammensetzung der Schicht sind dabei entscheidend. Darüber hinaus ist die Kenntnis der nanoskaligen Beschaffenheit der Oberfläche für den weiteren Strukturierungsprozess wichtig. Die angewandten Analysemethoden und deren Ergebnisse sind im Folgenden aufgeführt.

4.2.1. RÖNTGENFOTOELEKTRONENSPEKTROSKOPIE (XPS)

Die Röntgenfotoelektronenspektroskopie (X-ray Photoelectron Spectroscopy, XPS) wurde für die Charakterisierung der chemischen Zusammensetzung der gesputterten Schichten verwendet. Der Beschuss mit Röntgenstrahlung führt zu einem äußeren Fotoeffekt, bei dem Fotoelektro-

Tabelle 4.1.: Prozessparameter für die PZT-Dünnfilm-Abscheidung durch reaktives Multi-Target-Sputtern von Ti, Zr und Pb.

Target-Durchmesser	200 mm
Target–Substrat-Abstand	65 mm
RF-Leistung am Pb-Target	400 W
DC-Pulsleistung am Ti-Target	2000 W
DC-Pulsleistung am Zr-Target	800 W
DC-Pulsfrequenz Ti/Zr	100 kHz
Ar-Partialdruck	$5{,}3 \cdot 10^{-3}$ mbar
Ar-Fluss	75 sccm
O_2-Fluss für Pb, Zr	10 sccm
O_2-Fluss für Ti	20 sccm
Substrattemperatur	$480 - 560\,°C$

nen aus dem Material gelöst werden. Diese werden detektiert und nach ihrer Austrittsarbeit ausgewertet. Die Austrittsarbeit ist charakteristisch für das Atom bzw. für das Orbital, aus dem das Elektron emittiert wurde, und lässt so Rückschlüsse auf die atomare Zusammensetzung des Materials zu.

Tabelle 4.2 zeigt die Ergebnisse der Analyse zweier PZT-Dünnschichten mit unterschiedlicher Abscheidungsdauer bzw. Dicke h. Die Schichten wurden vorher mithilfe eines Ionenstrahls gereinigt, um Kontaminationen an der Oberfläche zu vermeiden. Aus dem Verhältnis der Anteile von Zr und Ti kann auf die Struktur des PZT geschlossen werden. Der Titananteil liegt bei den beiden Proben um die 60 %. Aus Abb. 2.11 folgt, dass das hier verwendete PZT in der tetragonalen Phase vorliegt. Für die weiteren Experimente wurden Substrate mit der Schicht 1 verwendet.

Tabelle 4.2.: Zusammensetzung der in dieser Arbeit verwendeten PZT-Dünnschichten, bestimmt mit XPS ESCA 5700 (Physical Electronics).

Schicht	Dicke h [nm]	Zr [at-%]	Ti [at-%]	Pb [at-%]	Zr:Ti
1	120	7,6	13,8	12,6	0,35:0,65
2	160	9,9	13,8	14,3	0,42:0,58

4.2.2. RÖNTGENBEUGUNG (XRD)

Röntgenbeugung (X-ray Diffraction, XRD) dient zur Bestimmung der Vorzugsrichtung und Zusammensetzung von Einkristallen und kristallinen Schichten [281] und wurde für die Charakterisierung der Textur der gesputterten PZT-Filme verwendet. Für die bessere Vergleichbarkeit wurde zuerst ein Diffraktogramm des Substrats mit Pt-Elektrode, aber ohne gesputterte PZT-Schicht aufgenommen (Abb. 4.3a).

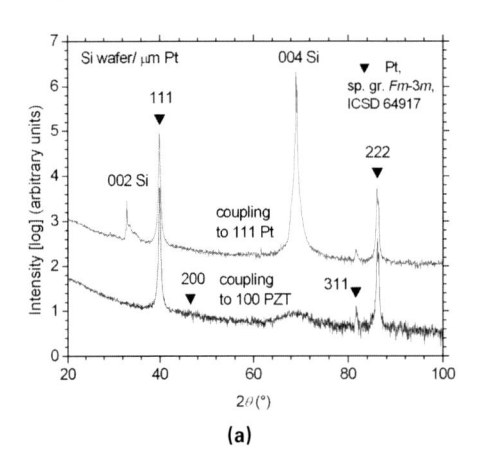

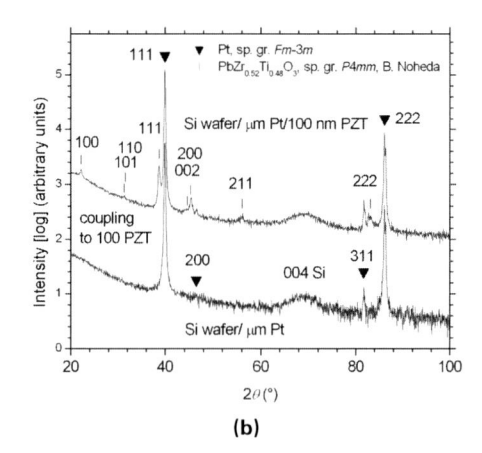

Abbildung 4.3.: XRD-Muster (Cu-Kα, Θ–2Θ Scan) für (a) Si/SiO$_2$/Pt/TiO$_2$ und (b) Si/SiO$_2$/Pt/TiO$_2$/PZT (Film 1), aufgenommen mit unterschiedlicher Kopplung an die Diffraktometer-Achsen. Die ▼ entsprechen den ICSD Literaturwerten für Pt und | denen von PZT [282].

Die ersten Messungen wurden mit einem einfachen Θ–2Θ Scan durchgeführt. Die Röntgenquelle ist bei diesem Scan fixiert und der Detektor und die Probe werden so zueinander positioniert, dass die Oberflächennormale der Probe den Winkel zwischen Quelle und Detektor halbiert. Nach der BRAGG-Gleichung für konstruktive Interferenz ergeben sich starke Reflexe im Röntgendiffraktogramm für

$$2d \sin \theta = n\lambda, \tag{4.1}$$

wobei d der Abstand der Atomlagen, Θ der Winkel zwischen Röntgenquelle und Probenoberfläche und λ die Wellenlänge der Cu_α-Röntgenstrahlung (1,5406 Å) sind. Bei dieser Art von Messung bleibt aufgrund der Proben–Detektor-Position der reziproke Gittervektor immer senkrecht zur Probenoberfläche, so dass nur Kristallebenen detektiert werden können, die parallel zum Substrat liegen. Die Messung hat also keinerlei Aussagekraft zu der In-Plane-Orientierung des Films.

Um eine Aussage über die Orientierung in der Ebene treffen zu können, ist die Aufnahme von sogenannte Rocking-Kurven notwendig. Hierbei wird die Position einer bestimmten konstruktiven Interferenz genauer analysiert, in dem der Detektor fixiert und die Probe um diese Position rotiert wird. Die Breite der Rocking-Kurve gibt dabei die Neigung der zugehörigen Ebenen an.

Um ein maximales Signal für den PZT-Film zu erhalten, wurde die ω-Achse des Diffraktometers in einem zweiten Schritt durch die Analyse der experimentellen Rocking-Kurven auf die (100)-Reflex des PZT-Films eingestellt (Abb. 4.3b). Nach den Daten der International Crystallographic Structure Database (ICSD) und der Literatur [282] entsprechen die Reflexionen von $PbZr_{0,52}Ti_{0,48}O_3$ und Pt kristallinen Phasen. Außerdem zeigen die Diffraktogramme einen Anteil der (004)-Reflexe des (001)-Si-Wafers, welcher als Substrat verwendet wurde. Diese Reflexe wurden durch die Anpassung der Diffraktometerachsen an den PZT-Film reduziert (Abb. 4.3b).

Abbildung 4.3b zeigt das Diffraktogramm einer dünnen PZT-Schicht mit einer Dicke von ca. 120 nm. Es ist ersichtlich, dass es sich um einen polykristallinen PZT-Film handelt, der vorzugsweise entlang [111] und [100] ausgerichtet ist. Zur genaueren Analyse wurden Rocking-Kurven aufgenommen. Die $FWHM_\omega$[3] des Pt-Reflex ist dabei relativ breit (11,38°...11,87°) im Vergleich zum Reflex des Si-Wafers (0,1°...0,4°). Dies ist ein Hinweis auf eine mangelhafte Ausrichtung der Pt-Kristallite. Die Rocking-Kurven der Reflexe für PZT lassen mindestens neun verschiedene Orientierungen für die PZT-Kristallite vermuten, obwohl die mittlere Orientierung der Pt-Elektrode entspricht.

4.2.3. RÜCKSTREUELEKTRONENBEUGUNG (EBSD)

Rückstreuelektronenbeugung (Electron Backscatter Diffraction, EBSD) ist eine Technik zur lokalen Analyse der Struktur von Kristallen. EBSD-Systeme können in Raster-Elektronen-Mikroskopen oder Transmissions-Elektronen-Mikroskopen eingebaut sein und nutzen den Elektronenstrahl zur Anregung. Dadurch wird je nach Mikroskoptyp eine entsprechend hohe Auflösung erreicht. Der Primärelektronenstrahl wird inelastisch an den Atomen der Probe gestreut. Treffen die Elektronen so auf die Gitterflächen auf, dass das BRAGG-Kriterium erfüllt ist, kommt es zur konstruktiven Interferenz. Dadurch entstehen charakteristische Muster, die KIKUCHI-Muster genannt werden und mithilfe eines Phosphorschirms sichtbar gemacht werden [283].

Die minimale Auflösung des hierfür verwendeten Raster-Elektronen-Mikroskops Zeiss Supra 40 VP mit EDAX-TSL EBSD-System beträgt etwa 50 nm. Diese Auflösung ist nicht ausreichend,

---

[3]Halbwertsbreite (Full Width at Half Maximum) von ω

um ein lokal aufgelöstes Orientierungsbild der polykristallinen PZT-Schicht zu erhalten. Durch die Projektion der Flächennormalen in eine zweidimensionale Ebene analog zu einer stereografischen Projektion kann allerdings die mittlere Textur der Probe analysiert werden. Abbildung 4.4 zeigt die Polfigur der PZT-Dünnschicht. Hier ist ebenfalls sehr deutlich die überwiegende [111]-Texturierung der Probe zu erkennen.

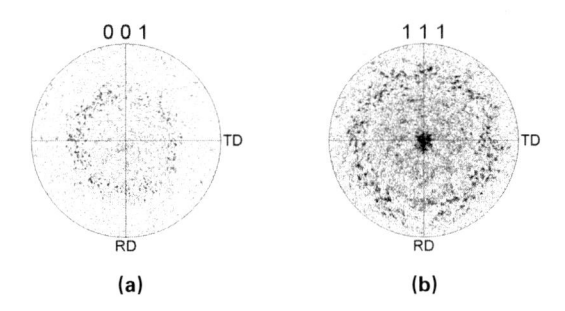

Abbildung 4.4.: Polfiguren der EBSD-Analyse einer PZT-Dünnschicht für (a) (001)- und (b) (111)-Richtung.

4.2.4. OBERFLÄCHENTOPOGRAFIE UND QUERSCHNITT

Die rein topografische Beschaffenheit sowie die genauen Dicken der PZT-Dünnschichten wurden mit REM-Untersuchungen und AFM-Scans im Nicht-Kontakt-Modus bestimmt. Die elektronenmikroskopischen Bilder liefern dabei einen hochaufgelösten qualitativen Eindruck der Schicht. Außerdem lassen sich an den Bruchkanten der Querschnitt und somit der Schichtaufbau der Proben analysieren (Abb. 4.5a). AFM liefert im Vergleich zum REM quantitative Höhenprofile und lässt dadurch Aussagen zu der Schichtrauheit und Korngrößenverteilung zu. Aus dem in Abb. 4.5b gezeigten AFM-Topografiebild mit einer Größe von $1 \times 1\,\mu m^2$ wurden einige charakteristischen Werte für die abgeschieden Schichten ermittelt (Tabelle 4.3).

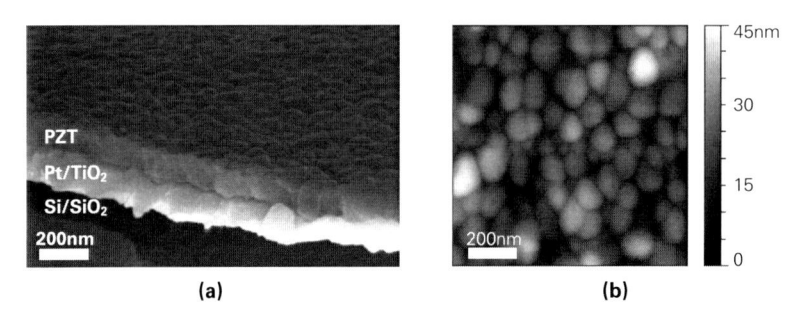

Abbildung 4.5.: Topografie der gesputterten PZT-Schichten: (a) REM-Schrägansicht eines Querschnitts durch die Schicht und (b) AFM-Topografiebild in der Draufsicht.

Tabelle 4.3.: Charakteristische Topografieeigenschaften der gesputterten PZT-Dünnschichten.

Mittlere Höhe h_{min}	22,4 nm
Maximale Höhe h_{max}	46,9 nm
Median der Höhe h_{med}	22,3 nm
Mittlere Rauheit $\bar{R}$	5,4 nm
Quadratische Rauheit R_{rms}	7,0 nm
Mittlere Korngröße $\bar{g}$	98,2 nm

4.3. NANOSTRUKTURIERUNG

Im Kapitel 3 wurde der Stand der Technik der Herstellungsverfahren für Nanostrukturen dargestellt. Im Rahmen dieser Arbeit wird ganz bewusst auf alternative bzw. hybride Herstellungsverfahren zurückgegriffen. Diese sind oftmals günstiger und ohne großen technischen Aufwand realisierbar. Außerdem bieten solche Technologien ein großes Potenzial für die einfache und kostengünstige Integration in industrielle Herstellungsprozesse für funktionale Materialien. Prinzipiell ergeben sich folgende Anforderungen für das Strukturierungsverfahren:

- einfache Durchführung,

- geringe technische Anforderungen,

- einfache Aufskalierbarkeit der Beschichtungsfläche,

- regelmäßige, reproduzierbare Strukturen und

- tolerierbar geringe Fehleranzahl.

Diese Kriterien erfüllen Strukturierungsverfahren mit einer selbstanordnenden Maske aus Nanopartikeln sehr gut. Für diese Arbeit wurde deshalb die Nanokugellithografie als Strukturierungsverfahren verwendet.

4.3.1. NANOKUGELLITHOGRAFIE

Die Nanokugellithografie nutzt Dispersionen mit Polymerpartikeln, die sich auf Oberflächen selbstständig zu einer dichten geschlossenen Monolage anordnen, als Maske für einen späteren Ätzschritt (Abschn. 3.3.2 und Abb. 4.1). Im Folgenden werden die Prozessschritte speziell für die Strukturierung von dünnen PZT-Schichten dargestellt:

1. Abscheiden der Nanokugelmaske,

2. Modifikation der Maske und

3. Strukturtransfer durch Ätzen.

Bevor die Optimierung dieser drei Schritte näher erläutert wird, sollen kurz die verwendeten Polymer-Dispersionen und die Vorbereitung der Proben beschrieben werden.

a. HERSTELLUNG MONODISPERSER POLYMERLÖSUNGEN

Als Beschichtungsmaterial wurden sowohl kommerzielle monodisperse Polystyrolpartikel verwendet (microparticles GmbH, Berlin), als auch in einem Kooperationsprojekt [246] selbst hergestellte. Neben den reinen Polystyrolkugeln wurden zusätzlich modifizierte Partikel hergestellt (Poly(Styrol-co-Acrylsäure) und Poly(Styrol-co-Methacrylsäure)). Die Strukturformeln der verwendeten Monomere sind in Abb. 4.6 dargestellt.

(a) Styrol **(b)** Acrylsäure **(c)** Methacrylsäure

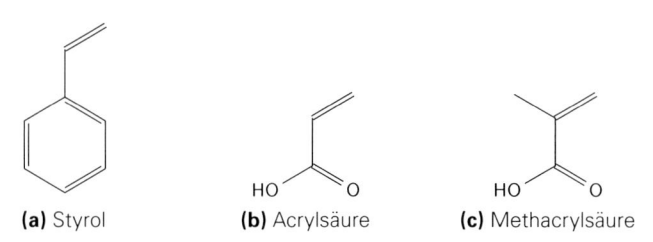

Abbildung 4.6.: Monomere zur Herstellung der Polystyrolpartikeln.

Die resultierende Größe der Polystyrolkugeln ist vom Anteil des Emulgators (Natriumdodecylsulfat, SDS) an der Reaktion abhängig. Die Edukte (Monomer, Emulgator, Wasser) werden in einem Doppelmantel-Glasreaktor mit Rührwerk für 15 min bei konstantem Rühren (300 rpm) und unter Ar-Spülung zu einer Präemulsion vermischt. Im Anschluss wird das Reaktionsgemisch auf 70 °C erwärmt und die Reaktion durch die Zugabe der Initiatorlösung Kaliumperoxodisulfat ($K_2S_2O_8$, KPS) in destilliertem Wasser gestartet. Die Synthese läuft über einen Zeitraum von 8 h, während dessen das Reaktionsgemisch weiterhin gerührt werden muss. Abschließend wird das Reaktionsprodukt durch Dialyse mit destilliertem Wasser gereinigt.

Die hergestellten Polymerkugeln haben einen Durchmesser zwischen 40 nm und 430 nm. Neben den reinen Polystyrolpartikeln wurden auch Partikel mit den zusätzlichen Co-Monomeren Acrylsäure und Methacrylsäure synthetisiert. Die Zusätze besitzen unterschiedliche hydrophile Eigenschaften und beeinflussen so die Oberfläche der Kugeln. Es entstehen Partikel mit sogenannter „Core-Shell"-Morphologie, bei der das hydrophobe Styrol den Kern bildet um den sich entsprechend Acrylsäure bzw. Methacrylsäure anlagert. Die negativen Partialladungen der Säuregruppe im deprotonierten Zustand bewirken eine elektrostatische Stabilisierung der Partikel in der Lösung.

Die Tabelle 4.4 gibt einen Überblick über die hergestellten Partikel mit ihren entsprechenden Herstellungsparametern. Die Massen des Wassers, des Styrols und des Initiators KPS wurden dabei nicht variiert. Durch Eintrocknen der Proben lässt sich der Feststoffgehalt der Dispersion bestimmen. Dieser Wert gibt eine Aussage über die Anzahl von Polystyrolkugeln je Milliliter Dispersion.

b. PROBENVORBEREITUNG

Die mit PZT beschichteten Wafer werden in $5 \times 5\,mm^2$-große Substrate geteilt. Diese Substrate müssen eine sehr gute Benetzbarkeit, Selbstanordnung und anschließende Haftung der Polystyrolpartikel gewährleisten. Dies wird durch mehrere Reinigungs- und Spülschritte mit Aceton, Isopropanol und deionisiertem Wasser erreicht. Eine Aktivierung der Oberfläche erfolgt in einer Niederdruck-Plasmaanlage (Zepto; diener electronics) bei einem Druck $p = 0,3$ mbar und einer Leistung $P = 100$ W mit Sauerstoff als Prozessgas. Nach nur wenigen Minuten stellt

Tabelle 4.4.: Übersicht der hergestellten Dispersionen mit ihren Herstellungsparametern und dem gemessenen Feststoffgehalt FSG.

Typ	Mod.*	Gew.-% SDS	FSG [%]	$m(H_2O)$ [g]	m(Styrol) [g]	m(KPS) [g]
EP1	-	3,6	4,61	190	10	0,3
EP2	-	1,0	5,2	190	10	0,3
EP3	-	0,5	4,85	190	10	0,3
EP4	-	0,1	4,34	190	10	0,3
EP5	0,5 g AS	0,5	4,8	190	9,5	0,3
EP6	0,5 g AS	0,1	4,21	190	9,5	0,3
EP7	0,5 g MAS	0,5	4,52	190	9,5	0,3

* Modifikation: AS Acrylsäure, MAS Methacrylsäure

sich die Oberflächenaktivierung ein und die Substrate werden dann bei der Beschichtung sofort vollständig mit der wässrigen Lösung benetzt. Dieser Effekt bleibt für einige Tage erhalten, wenn die Substrate in deionisiertem Wasser gelagert werden.

c. ABSCHEIDUNG DER POLYMERMASKEN

In den Vorversuchen hat sich gezeigt, dass die Abscheidung unter Nutzung einer Wasser–Luft-Grenzschicht die besten Ergebnisse ergab (Abb. 4.7 und Abschn. 3.3.2b; S. 42).

Die Dispersion der Polymerkugeln wird vor der Verwendung im Ultraschallbad für ca. 10 min gemischt, um eventuelle Aggregationen zu vermeiden. Anschließend wird der für die Beschichtung benötigte Teil 1 : 1 mit Ethanol gemischt. Dies erhöht die Beweglichkeit der Partikel in der Lösung und erleichtert die Selbstanordnung auf dem Transferwafer. Dieses Gemisch wird erneut für 3 min im Ultraschallbad gut gemischt. Für den Transfer der Monolagen auf die Wasseroberfläche wird ein gereinigter und aktivierter 3"-Siliziumwafer verwendet. Es werden 20 µl des Polymerpartikel-Wasser-Ethanol-Gemisches auf den Wafer getropft (Abb. 4.7a). Der Wafer wird sofort fast vollständig benetzt und es beginnt die Selbstanordnung der Partikel zu Monoschichten.

Im zweiten Schritt wird dieser Wafer nun langsam in ein mit gereinigtem und deionisiertem Wasser gefülltes Gefäß abgesenkt (Abb. 4.7b). Die auf dem Wafer gebildeten Monolagen lagern sich aufgrund der Oberflächenspannung des Wasser an der Grenzschicht zwischen Wasser und Luft ab. Dabei werden die Monolagen nochmals komprimiert und es bilden sich

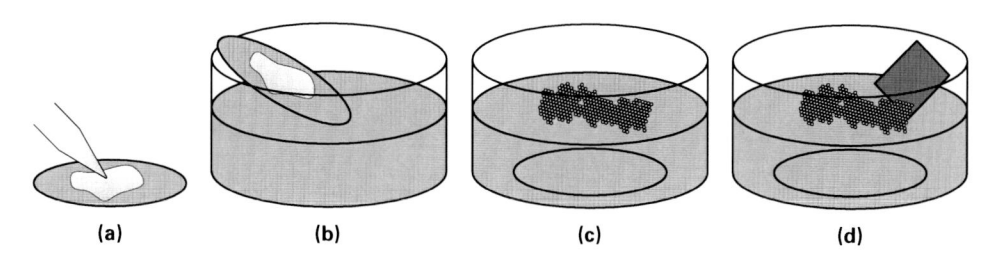

Abbildung 4.7.: Abscheidung von Monolagen mit dichter Kugelpackung an einer Luft–Wasser-Grenzschicht: (a) Auftropfen der Dispersion auf den Transferwafer, (b) Absenken des Transferwafers in Wasser, (c) Bildung von Monolagen an der Wasseroberfläche und (d) Transfer der Monolagen auf das PZT-Substrat.

ebene hexagonal dichte Anordnungen (Abb. 4.7c). Die Zugabe einer geringen Menge 2%-iger Natriumdodecylsulfat-Lösung (SDS-Lösung) unterstützt diesen Prozess, in dem sie die Oberflächenspannung des Wassers vermindert. Dadurch gehen nicht perfekt geformte Bereiche wieder in Lösung über. Es bleiben feine Filme aus hexagonal dichten Packungen von Polystyrolkugeln in einer Monolage an der Wasseroberfläche zurück, welche abhängig von der Partikelgröße mit bloßem Auge beobachtet werden können.

Diese Filme werden im folgenden Schritt auf die zu strukturierenden PZT-Schichten transferiert. Dazu werden die Filme mit den gereinigten und aktivierten PZT-Substraten von der Flüssigkeitsoberfläche abgehoben (Abb. 4.7d). Das Trocknen der Monolagen erfolgt in einer abgeschlossenen Atmosphäre (z.B. geschlossene Petrischale) über einen Zeitraum von 12 h. Wichtig ist, dass das verbliebene Wasser nicht zu schnell verdampft, da sonst durch die Konvektion auf der Probenoberfläche die Monolagen wieder zerstört werden. Die Haftung der Polystyrolpartikel auf dem Substrat kann durch ein anschließendes Tempern (2 h bei 60°C) auf einer Heizplatte verbessert werden.

Den größten Einfluss auf die Qualität der Schichten hat dabei der Transfervorgang, bei dem die vorgeformten Monolagen vom Wafer auf die Flüssigkeitsoberfläche übertragen werden. Wenn dieser Vorgang per Hand vorgenommen wird, ist ein gleichmäßiges Eintauchen ohne Störung nur sehr schwer möglich. Durch die Konstruktion einer Wafereinspannung und einem gesteuerten Mechanismus zum Absenken des Wafers können Absenkgeschwindigkeit und Anfangsneigung des Wafers reproduzierbar eingestellt werden (Abb. 4.8). Mit dieser Versuchsanordnung konnte der Einfluss der Eintauchgeschwindigkeit auf den Monolagentransfer beurteilt werden. Dabei ergab sich, dass bei zu schnellem Eintauchen ein großer Teil der Monolage nicht an die Flüssigkeitsoberfläche transferiert wurde, sondern in Lösung überging. Erfolgte das Eintauchen dagegen zu langsam, führte dies zu einem vorzeitigen Eintrocknen auf dem Transferwafer.

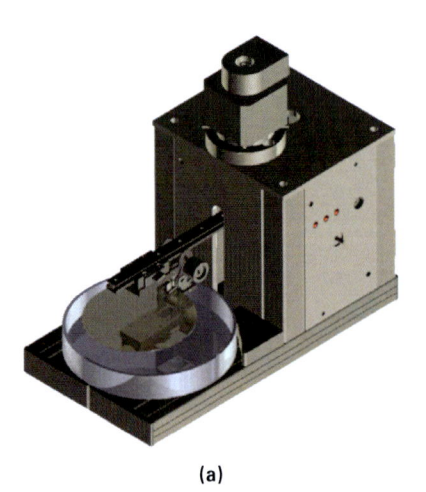

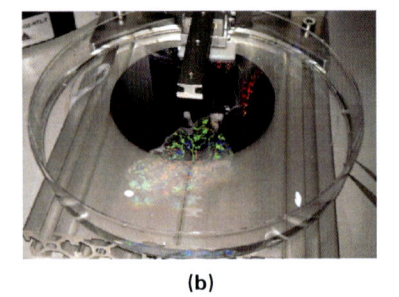

(a) (b)

Abbildung 4.8.: Anordnung zur Herstellung von Monolagen auf einer Flüssigkeits–Luft-Grenzschicht: (a) Konstruktionsmodell und (b) Foto mit schwimmender Monolage.

d. MANIPULATION VON POLYMERMASKEN

Für die Herstellung regelmäßig angeordneter, freistehender Strukturen mit einem Durchmesser von ca. 100...500 nm ist die Manipulation der Polymermaske nötig. Die einzelnen dicht gepackten Kugeln müssen in ihrem Durchmesser homogen reduziert werden, wobei deren Mittelpunkte ihre Positionen beibehalten sollen. Die getrockneten PZT-Schichten mit Nanokugelmaske werden in einer RIE-Kammer (Plasmalab 80$^+$; Oxford Plasmatechnik) geätzt. Abbildung 4.9a zeigt eine Prinzipskizze der Ätzkammer. Die Kugeln sollen sehr homogen und isotrop in ihrer Größe reduziert werden. Dies bedeutet, dass der chemische Ätzanteil in diesem Prozess überwiegen muss. Um die Prozessparameter für eine ausreichende Isotropie zu ermitteln, wurden der Druck zwischen 13 Pa und 27 Pa und die HF-Leistung im Bereich von 10 W und 20 W variiert. Der Sauerstofffluss betrug 50 sccm und die Frequenz des Generators 13,56 MHz. Die Ätzzeit wurde zwischen 2 und 15 Minuten eingestellt, um verschieden große Masken zu erhalten.

Als ein guter Indikator für den physikalischen Abtrag im Ätzprozess gilt die Eigenvorspannung zwischen den Elektroden. In Abbildung 4.9b ist zu erkennen, dass der Betrag der Eigenvorspannung mit steigendem Druck und geringerer Leistung ebenfalls kleiner wird. Der steigende Druck hat dabei einen Einfluss auf die Anzahl der Teilchen in der Prozesskammer. Mit steigender Teilchenanzahl sinkt die mittlere freie Weglänge der geladenen Teilchen und somit die Energie, mit der sie auf die Polystyrolmaske treffen.

Ein Einfluss des Ätzprozesses auf die darunter liegende ferroelektrische PZT-Schicht kann aufgrund der sehr geringen Leistungen vernachlässigt werden.

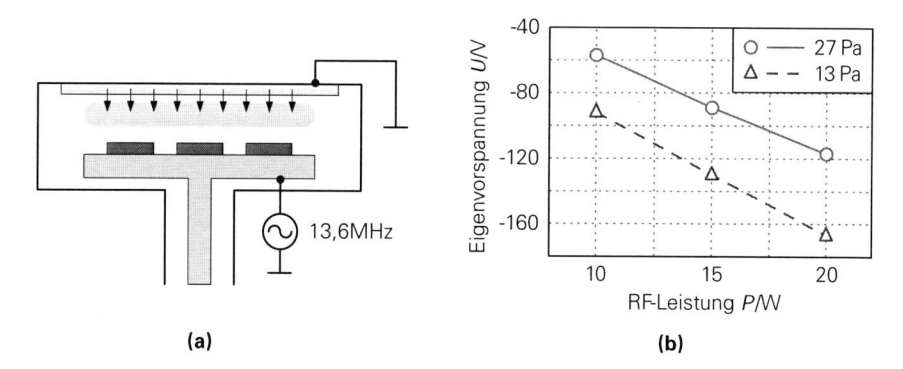

Abbildung 4.9.: Reaktives Ionenätzen (RIE) der Polymerpartikel: (a) Aufbau des Reaktors und (b) Einfluss von Prozessdruck und RF-Leistung auf die Eigenvorspannung.

4.3.2. STRUKTURÜBERTRAGUNG

Zur Übertragung der Maske in die PZT-Schicht kommt ein Ionenstrahlätzer (Veeco Mircoetch) zum Einsatz. Ionenstrahlätzen ist ein rein physikalischer Prozess mit nur sehr geringer Selektivität gegenüber unterschiedlichen Materialien. Durch den senkrechten Einfall der Ar-Ionen auf das Substrat wird eine 1:1-Übertragung der Maske in das Material erreicht. Die Beschleunigungsspannung für die Ionen wurde mit $U = 250$ V sehr gering gewählt, um ein unnötiges Erhitzen der Polymermaske zu vermeiden. Erfahrungswerte zeigen, dass bei dieser Beschleunigungsspannung auch bei längeren Ätzprozessen der Probenteller nicht über 80°C erhitzt wird. Die Glasübergangstemperatur von Polystyrol liegt bei ca. 100°C. Um eine bestimmte Ätztiefe und somit Höhe der Nanostrukturen zu erreichen, wurden mehrere Versuchsreihen mit unterschiedlich langer Ätzdauer durchgeführt und daraus die Ätzrate von PZT bestimmt.

Im Anschluss an den letzten Ätzschritt müssen die nanostrukturierten ferroelektrischen PZT-Schichten gereinigt werden. Dichlormethan und Toluol eignen sich zum Lösen von Polystyrol. Da die Oberfläche durch Wärmeeinwirkung und Ionenbeschuss chemisch verändert ist, wird das Lösen der Maske durch mechanische Einwirkung im Ultraschallbad unterstützt.

Abbildung 4.10 veranschaulicht die Strukturierung der PZT-Schicht. In die geschlossene PZT-Schicht werden kreisförmige Nanopunkte geätzt, deren Durchmesser d durch den Durchmesser der Partikel der Polystyrolmaske bestimmt sind. Die Höhe h wiederum wird über die Ätztiefe beim Ionenstrahlätzen kontrolliert. Zwischen der Bodenelektrode (Pt/TiO$_2$) und den Nanopunkten wird in den meisten Fällen der Experimente eine Restschicht aus PZT zurückbleiben. Bereits derart strukturierter Materialien können für die Analyse der nanoskaligen Eigenschaften verwendet werden. Mithilfe von PFM können lokale piezoelektrische Messungen durchgeführt und die Auswirkungen der Strukturierung analysiert werden (Abb. 5.3).

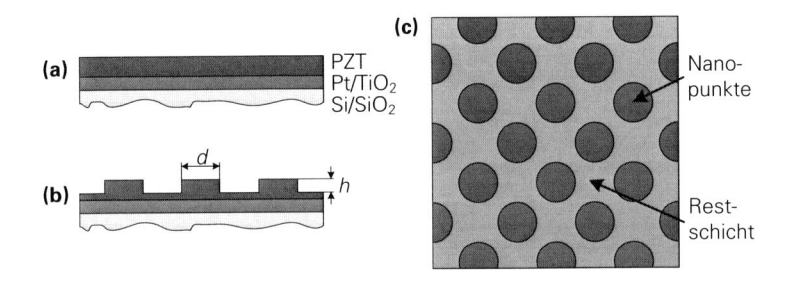

Abbildung 4.10.: Strukturierung der PZT-Schichten durch Ionenstrahlätzen mit Nanopartikelmaske. (a) Querschnitt des unstrukturierten Wafers, (b) Querschnitt und (c) Draufsicht der unvollständig strukturierten PZT-Schichten.

4.3.3. AUFFÜLLEN UND KONTAKTIEREN

Um die nanostrukturierten Schichten als funktionale Materialien nutzbar zu machen, ist eine Kontaktierung der Nanopunktarrys nötig. Dazu müssen die Räume zwischen den Nanopunkten mit einem Matrixmaterial aufgefüllt werden, um so Kurzschlüsse zwischen der Top- und Bodenelektrode zu vermeiden. Durch das Auffüllen darf aber die laterale Bewegungsfreiheit der Nanopunkte nicht eingeschränkt werden, um nicht durch das Klemmen und die mechanoelektrische Verkopplung geänderte Eigenschaften zu verursachen. Die Kontaktierung kann einfach durch das Aufdampfen einer Elektrode erfolgen, während das Auffüllen der Zwischenräume einer Reihe von anspruchsvollen Anforderungen genügen muss. Das Füllmaterial

- muss flexibel sein, um die laterale Bewegungsfreiheit der Punkte nicht erneut einzuschränken,

- muss niedrig viskos sein, um Unebenheiten und Löcher gut auszufüllen und

- darf während der Härtung nur geringfügig schrumpfen.

Aus diesen Gründen kommen Standardprozesse, wie z.B. eine SiO_2-Abscheidung und chemisch-mechanisches Polieren (CMP), dafür nicht in Frage. Besser eignet sich als Füllmaterial ein härtbares Polymer, welches entweder zurückgeätzt wird oder aber durch besondere Vorkehrungen erst gar nicht die Plateaus der Nanopunkte bedeckt, sondern lediglich die Zwischenräume auffüllt. Das Zurückätzen oder Veraschen des überflüssigen Polymers ist aufgrund des fehlenden Ätzstopps ein schwer reproduzierbarer Prozess. Im Folgenden werden zwei Möglichkeiten des selektiven Auffüllens der Zwischenräume genauer betrachtet: a. Polymer-Imprint [284] und b. Abziehen („Skim-Coating"). Für beide Prozesse wurden die nanostrukturierten Proben in Aceton und deionisiertem Wasser gereinigt und mit Niederdruck-Sauerstoff-Plasma aktiviert.

a. UV-IMPRINT VON POLYMER

Beim UV-Imprint wird ein ebener, aber flexibler Stempel eingesetzt, der von einem polierten Silizium-Wafer abgeformt wurde [195]. Als Stempelmaterial kam Perfluoropolyether (PFPE) (Fluorolink® MD700; Solvay Solexis) zum Einsatz. Die Substrate mit der strukturierten PZT-Schicht wurden in einer selbstgebauten Imprintpresse platziert und 2 µl mr-UVCur21SF-Fotolack (micro resist technology) wurden auf das Substrat getropft (Abb. 4.11a). Danach wurde der ebene Stempel aus PFPE auf die Strukturen gepresst, so dass das überflüssige Polymer herausgedrückt wurde (Abb. 4.11b). Die Härtung des Fotolacks erfolgte mit einer UV-LED-Quelle (λ = 365 nm, P = 300 mW/cm^2, 2 min) direkt durch den Stempel hindurch. Der Imprintdruck und die Flexibilität des Stempels wurden so optimiert, dass keine Polymerrückstände auf den Nanopunkte zurückbleiben.

b. ABZIEHEN (SKIM-COATING)

Zum Füllen der Zwischenräume wurde Polyethylenglykoldiacrylat (PEGDA) benutzt, das 0.5 % Irgacure® 651 als Fotoinitiator enthielt. Dazu wurden die Substrate mit der strukturierten PZT-Schicht mittels Vakuum von der Rückseite angesaugt und so fixiert. Es wurde ausreichend PEGDA-Lösung aufgetropft, um die gesamte Probe zu bedecken (Abb. 4.11a). Der überflüssige Lack wurde durch Abziehen mit einem Polydimethylsiloxan-Rakel (PDMS-Rakel) entfernt (Abb. 4.11c). In Abhängigkeit des Kontaktdruck und der Menge des überflüssigen Lacks muss dieser Vorgang mehrmals wiederholt werden, bis die Oberfläche der Substrate gleichmäßig bedeckt ist. Das Aushärten der Monomerlösung erfolgte mit UV-Licht (λ = 365 nm). Die gleichmäßige Auffüllung der Zwischenräume hängt sehr stark vom Abstand der Strukturen ab, da der flexible Rakel bei genügend großem Abstand der Nanopunkte auch in die Zwischenräume hinein gepresst werden kann.

c. KONTAKTIEREN

Im Anschluss an das Auffüllen der Zwischenräume wird zur Kontaktierung der Nanopunkte eine Elektrode aufgedampft werden. Hierfür eignen sich beispielsweise Nickel-Chrom (80 : 20) und Gold. Das Bedampfen erfolgt durch eine Schattenmaske. Dadurch werden kleine quadratische Elektroden hergestellt, welche die Nanopunkte auf den Plateaus kontaktieren. Die Seitenlänge der Elektroden beträgt ca. 15 µm und die Elektrodendicke etwa $h \approx 10$ nm. Der Flächenwiderstand für 10 nm dicke Ni/Cr- und Au-Elektroden beträgt $R_{Ni/Cr}$ = 315 Ω bzw. R_{Au} = 6,8 Ω.

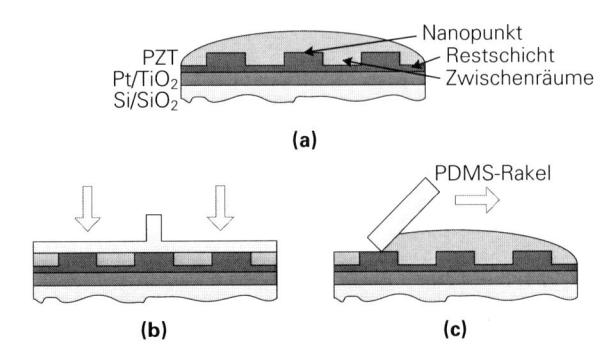

Abbildung 4.11.: Möglichkeiten des Auffüllens der Zwischenräume mit Polymer: (a) strukturiertes Ausgangsmaterial mit Monomerlösung benetzt, (b) Herauspressen des überflüssigen Monomers durch Imprint und (c) Abziehen des überflüssigen Polymers mit einem PDMS-Rakel.

4.4. PIEZOKRAFT-MIKROSKOPIE

Die Piezokraft-Mikroskopie (PFM) eignet sich zur Untersuchung der mikroskopischen ferroelektrischen Eigenschaften. Sie beruht auf einem erweiterten Messaufbau eines AFM (Abschn. 2.6.2). Im hier folgenden Abschnitt wird der Versuchsaufbau zur Messung der lokalen piezoelektrischen Aktivität dargestellt und dessen Funktionsprinzip erläutert.

4.4.1. MESSAUFBAU UND FUNKTIONSPRINZIP

PFM basiert auf der Messung der Verformung der Oberfläche durch das lokale Anlegen einer Spannung

$$U_{tip} = U_{dc} + U_{ac} \cos(\omega t) \qquad (4.2)$$

an die Probe. Hierfür werden leitfähige Cantilever als lokale Elektrode verwendet. Die Spannung an der Spitze besteht aus einem Gleichspannungsanteil U_{dc}, der bei entsprechender Höhe zu einem lokalen Schalten des ferroelektrischen Materials führen kann, und aus einem Wechselspannungsanteil U_{ac} mit der Anregungskreisfrequenz ω.

Die Kontraktion bzw. Expansion des Materials aufgrund der elektrischen Anregung wird als piezoelektrische Antwort gemessen, die dem Topografiesignal überlagert ist und der ersten Harmonischen der Cantileververbiegung entspricht:

$$v = v_0 + A\cos(\omega t + \varphi). \qquad (4.3)$$

Der statische Anteil der Auslenkung v_0 spiegelt die Topografie wider. Die Phasenverschiebung φ zwischen der Anregung U_{ac} und der piezoelektrischen Antwort ist ein Ausdruck für die Richtung der Polarisation unter der Spitze. Für Domänen, deren Polarisationsvektor beispielsweise nach unten in Richtung des Materials zeigt (c^--Domänen), führt eine positive Spannung am Cantilever zu einer lokalen Ausdehnung unterhalb der Spitze. Die angelegte Spannung und die Verformung der Probe sind in Phase ($\varphi = 0$). Für c^+-Domänen gibt es eine Phasenverschiebung von $\varphi = 180°$. Die Amplitude A der piezoelektrischen Antwort gibt die lokale piezoelektrische Aktivität an. Im Idealfall haben entgegengesetzt orientierte c^+- und c^-- Domänen den gleichen Betrag der piezoelektrischen Amplitude A. Im Bereich der Domänenwände zwischen zwei entgegengesetzten

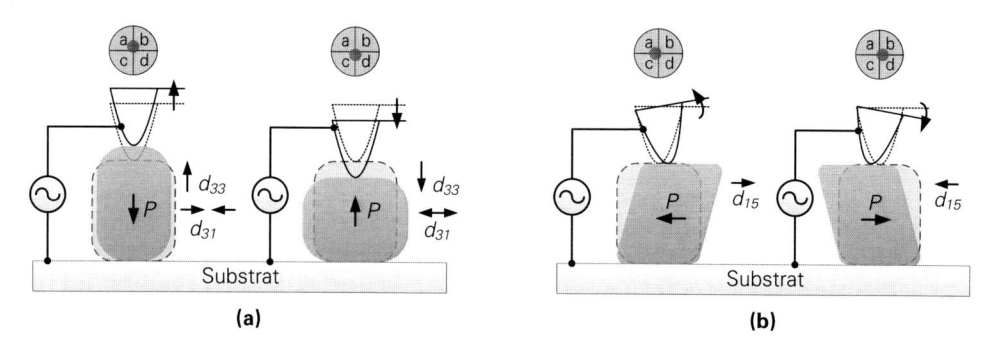

Abbildung 4.12.: Prinzipskizze der piezoelektrischen Antwort eines ferroelektrischen Korns auf die Spitze des AFM-Cantilevers und die daraus resultierenden Ablenkungen auf der 4-Quadranten-Diode: (a) Out-of-Plane- und (b) In-Plane-Richtung (nach [25, 116]).

Domänen ist sie hingegen Null. Bei genauer Kenntnis der Breite der Domänenwand kann so die Auflösung der PFM-Messung abgeschätzt werden.

Befindet sich eine c-Domäne direkt unter der Spitze, führt dies zu einer horizontalen Ablenkung des Lasers auf der 4-Quadranten-Diode. Diese Änderung wird im Out-of-Plane-Bild (normale Richtung zur Probenoberfläche) der PFM-Messung registriert (Abb. 4.12a). Domänen, deren Vorzugsrichtung in der Ebene liegen (a-Domänen), führen zu einer Verkippung des Cantilevers um dessen Längsachse, was im lateralen Bild (In-Plane-Bild) zu einer Kontraständerung führt (Abb. 4.12b). Für die Experimente in dieser Arbeit wurden zwei verschiedene AFMs verwendet:

- AIST-NT SmartSPM™ 1000 Komplettsystem mit integriertem PFM-Messmodus,

- Nanotec AFM mit Dulcinea Elektronik und externem Lock-In-Verstärker (Anfatec eLockIn 204/2) (Abb. 4.13).

Das Nanotec AFM stellt die wichtigsten AFM-Funktionalitäten direkt zur Verfügung, aber für spezielle Messverfahren muss noch eine entsprechende externe Elektronik über die Ein- und Ausgänge der Dulcinea-Steuerelektronik angeschlossen werden. Die Steuerelektronik führt die Signale der lateralen und normalen Ablenkung auf der 4-Quadranten-Diode nach außen. Diese beiden Signale werden vom Lock-In-Verstärker (Anfatec) analysiert und der jeweils zugehörige Realteil x und Imaginärteil y ausgeben. Diese vier Signale werden in die Steuerelektronik zurückgespeist und am Computer ausgewertet. Der Lock-In-Verstärker besitzt eine interne Referenz, die gleichzeitig als Messwechselspannung für den PFM-Modus verwendet wird und in der Kontrolleinheit des Scanners zum eigentlichen Spitzensignal hinzu addiert wird.

Um eine hohe Auflösung und eine gute Leitfähigkeit sicherzustellen, wurden leitfähige und möglichst spitze Cantilever verwendet (Tabelle 4.5). Zwischen der Spitze und der Bodenelektrode wurde eine Messwechselspannung mit einem Spitze-Spitze-Wert von $U_{pp} = 1\ldots12\,\text{V}$ angelegt, um piezoelektrische Schwingungen hervorzurufen. Aufgrund der niedrigen Koerzitivfeldstärke der PZT-Schichten müssen die Messfrequenz und Messspannung sehr sorgfältig eingestellt werden, um ein Schalten der Domänen während der Messung zu vermeiden. Die Amplitude und Phase wurden nach der Messung aus den x- und y- Rohdaten berechnet. Jede Messung wurde unter vergleichbaren Bedingungen durchgeführt. Um einen gleichbleibenden Kontakt und eine konstante Kraft während der Messung sicherzustellen, wurden Kraft–Abstands-Kurven vor jeder Messung aufgezeichnet. Darüber hinaus wurden die Cantilever regelmäßig getauscht,

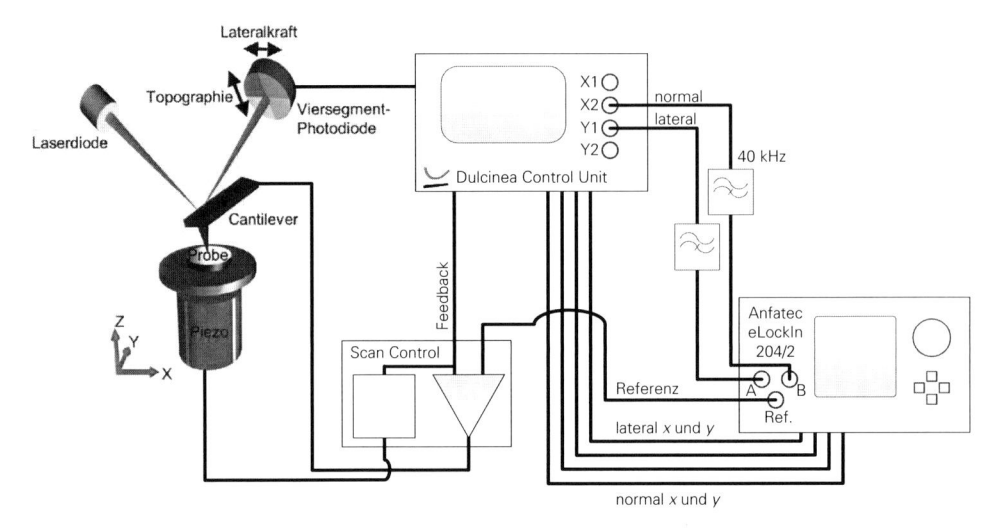

Abbildung 4.13.: Messaufbau des Nanotec AFM mit Dulcinea Elektronik und externem Lock-In-Verstärker (Anfatec eLockIn 204/2) (nach [119]).

um einen Verlust der leitfähigen Beschichtung durch Abrieb zu vermeiden. Vorversuche mit Messungen auf unstrukturierten PZT-Schichten und mit unterschiedlichen Kombinationen aus Anregungsfrequenz f_{PFM} und Anregungsspannung U_{tip} wurden durchgeführt, um die idealen Messparameter zu bestimmen. Die Anregungsfrequenz für die PFM-Messung wurde auf f_{PFM} = 48,7 kHz eingestellt, um Resonanzen zu vermeiden. Bei einer Anregungsspannung U_{pp} = 3 V ergab sich ein ausreichender Kontrast, ohne dass bereits Domänen geschaltet werden.

Tabelle 4.5.: Übersicht der verwendeten Cantilever. Es sind jeweils die charakteristischen Durchschnittswerte angegeben.

Bezeichnung	Hersteller	Beschichtung	r_{tip}/nm	α_{tip}	f_{res}/kHz	k/Nm^{-1}
N1-TiN	AIST-NT	TiN	50	$\leq 22°$	150	5,3
N1-W$_2$C	AIST-NT	W$_2$C	50	$\leq 22°$	150	5,3
CONT-Pt	nanosensors	PtIr5	25	$\leq 20°$	14	0,2
CDT-FMR	nanoworld	Diamant	150	k. A.	74	2,3

r_{tip} Krümmungsradius der Spitze, α_{tip} Spitzenwinkel, f_{res} Resonanzfrequenz, k Federkonstante

4.4.2. SPITZE–PROBE-WECHSELWIRKUNGEN

Um später die Ergebnisse der PFM-Messung sinnvoll interpretieren zu können, ist das Verständnis der Wechselwirkungen zwischen der Spitze und der Probe essentiell [23]. Von besonderem Interesse sind die elektrostatischen Wechselwirkungen der komplexen Cantilevergeometrie mit der Probenoberfläche und die daraus resultierenden Kräfte, die auf die Spitze wirken. Die Wechselwirkungen einer AFM-Spitze mit einer Oberfläche zur Abbildung der Topografie wurden schon in Abschn. 2.6.2 erläutert. Durch das Anlegen einer im Vergleich zur Scanfrequenz hochfrequenten Spannung für die Messung der lokalen piezoelektrischen Aktivität entstehen allerdings noch zusätzliche Wechselwirkungen. Die Spannung an der Spitze erzeugt ein elektrisches Feld, welches die piezoelektrische Probe durchdringt. Diese wiederum reagiert auf dieses Feld und es kommt zu einer Materialverformung, die sich auf die Auslenkung des Cantilevers auswirkt.

a. ELEKTROSTATISCHE WECHSELWIRKUNGEN

Das elektrische Feld unterhalb der Spitze ist die Ursache für die piezoelektrische Anregung des Materials. Frühere Untersuchungen [285] haben gezeigt, dass dieses Feld nur eine sehr dünne Oberflächenschicht beeinflusst. Zur Beschreibung des elektrostatischen Feldes existieren eine Reihe von Modellen [286], von denen hier drei näher vorgestellt werden sollen:

(i) Schichtkondensator-Modell: Dieses Modell eignet sich für eine qualitative Abschätzung des Verlaufs des elektrischen Feldes und modelliert Spitze und Probe als Zweischichtkondensator [287, 288]. Die oberste Schicht mit der Dicke h und Permittivität ε_i (Abb. 4.14a) beschreibt den Kontaktbereich zwischen der Spitze und der Probe und bildet beispielsweise den dünnen Wasserfilm nach, der an der Probenoberfläche adsorbiert ist [285]. Die darunterliegende ferroelektrische Schicht charakterisiert die eigentliche Probe mit Dicke t, Polarisation P und Permittivität ε_f.

(ii) Modell mit Spiegelladung: Einen genaueren Ansatz liefert das Modell einer leitfähigen Kugel über einer dielektrischen Schicht und einer leitfähigen Bodenelektrode [289]. Im Zentrum der Kugel wird eine Punktladung q angenommen, die sich im Abstand r von der Bodenelektrode befindet, während diese geerdet ist (Abb. 4.14b). Das elektrische Feld sowie die daraus resultierenden elektrostatischen Kräfte zwischen der Punktladung und der Bodenelektrode können durch die Einführung einer Spiegelladung $-q$ unterhalb der Bodenelektrode im Abstand r modelliert werden [23, 290, 291]. Die Punktladung q wird also an der Bodenelektrode gespiegelt.

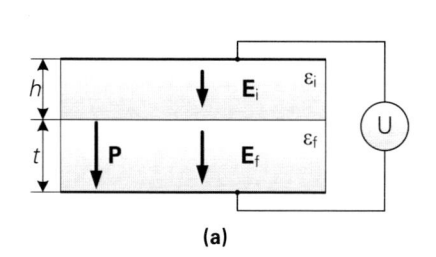

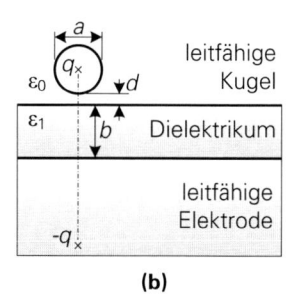

Abbildung 4.14.: Modelle zur Beschreibung der elektrostatischen Wechselwirkung zwischen AFM-Spitze und Probe: (a) Schichtkondensator-Modell und (b) Spiegelladung.

(iii) Finite-Elemente-Simulation: Die komplexe Spitzen- und Probengeometrie kann am genauesten mit einem Finite-Elemente-Modell beschrieben werden. Für die in dieser Arbeit verwendete Schichtanordnung wurden die lokalen Feldeigenschaften mithilfe von COMSOL Multiphysics [292] simuliert. Dabei wurden die zwei Extremfälle der Spitzengeometrie betrachtet [293]:

(i) das Kugel–Ebene-Modell und

(ii) das Scheibe–Ebene-Modell.

Kugel und Scheibe beschreiben die Form der Spitze. Eine neue Spitze hat idealerweise die Form einer Kugel. Durch den mechanischen Kontakt mit der Oberfläche ist allerdings ein Abrieb nicht zu vermeiden, so dass sie immer mehr abflacht.

Abbildung 4.15 stellt den Potenzialverlauf als Funktion der Eindringtiefe einer 100 nm dicken PZT-Schicht dar. Die Bodenelektrode ist ganzflächig aufgebracht. Für die Kugelform der Spitze (Modell (i)) fällt das elektrische Potenzial, welches an der Spitze anliegt, schon nach ca. 3 nm auf den halben Wert ab. Bei einer abgeflachten Spitze (Modell (ii)) ist das Potenzial erst nach 25,5 nm um die Hälfte reduziert. Vereinfachend wurde dazu im Modell (ii) angenommen, dass sich die Spitze in direktem Kontakt mit der Probenoberfläche befindet. In der Realität tritt oftmals noch ein dünner Wasserfilm dazwischen auf, was zu einer parasitären Kapazität führt und den Potenzialabfall im Material nochmals zusätzlich verstärkt. In diesem Fall wird also nur ein sehr geringes Volumen direkt unterhalb des Kontaktpunktes des Cantilevers angeregt. Daraus kann geschlussfolgert werden, dass bei PFM-Untersuchungen nur der sehr oberflächennahe Teil von wenigen Nanometern Eindringtiefe einen Einfluss auf die Messwerte hat.

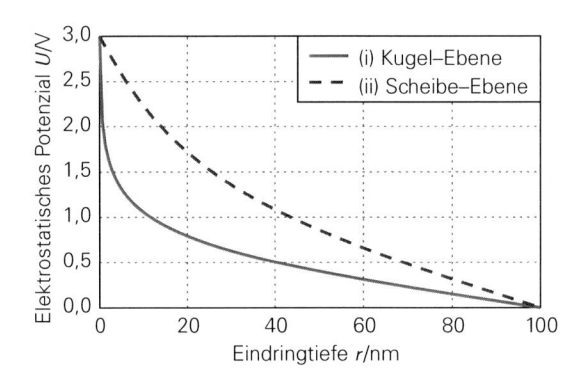

Abbildung 4.15.: Elektrisches Potenzial einer 100 nm dicken PZT-Schicht mit einer Bodenelektrode und der AFM Spitze als Topelektrode: (i) Kugel–Ebene-Modell und (ii) Scheibe–Ebene-Modell.

Abbildung 4.16 zeigt die Feldverteilung der leitfähigen Spitze im Kontakt mit einer Nanostruktur für die beiden Modelle im Detail. Wie anhand des elektrischen Verschiebungsfeldes (weiße Vektorpfeile) zu sehen ist, sind die Feldlinien überwiegend normal zur Probenoberfläche ausgerichtet (Abb. 4.16b,c). Bei einer abgeflachten Spitze wird die Parallelität der Feldlinien noch weiter erhöht (Abb. 4.16d).

Außerdem wurde das Verhalten simuliert, wenn die Spitze mit ihrer Flanke in Kontakt mit der Kante einer Nanostruktur kommt, bevor die Spitze über die Kante angehoben wird (Abb. 4.16c). Dabei dringt das Feld schräg in den PZT-Nanopunkt ein und es ist keine definierte Feldverteilung

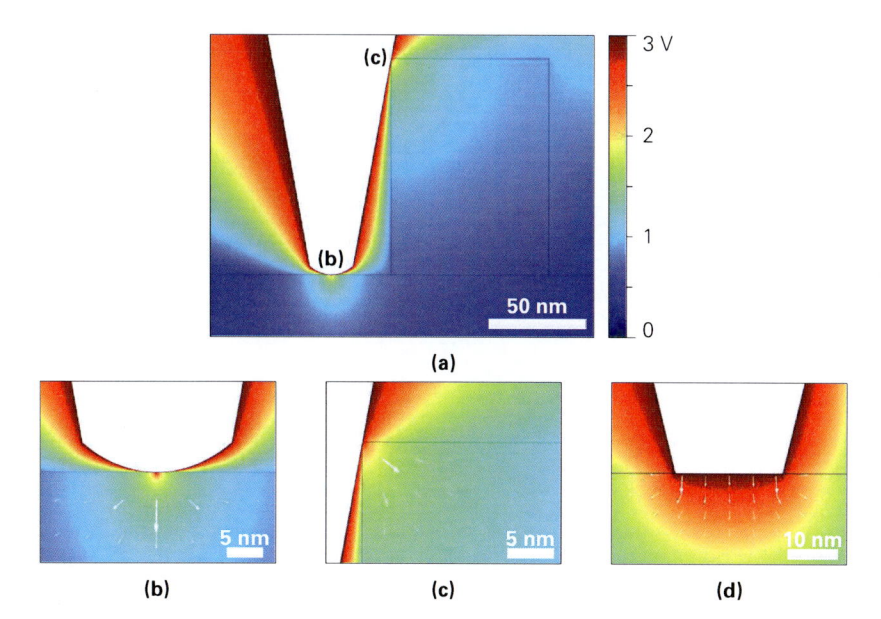

Abbildung 4.16.: 2D-FEM-Simulation der elektrostatischen Wechselwirkung zwischen der leitfähigen AFM-Spitze und einer modellhaften PZT-Nanostruktur: (a) Überblick, (b,d) Detailbild der Wechselwirkung zwischen der Spitze und der ebenen Probenoberfläche und (c) Detailbild der Wechselwirkung der Spitzenflanke mit der Kante eines Nanopunkts. Unter Annahme des Kugel–Ebene-Modells (a,b) und des Scheibe–Ebene-Modells (d). In allen vier Bildern ist das Potenzialfeld mit einer Spannung von 3 V auf der Spitzenoberfläche gezeigt. In (b–d) ist zusätzlich das elektrische Verschiebungsfeld durch weiße Vektorpfeile dargestellt.

mehr vorhanden. Wenn die Spitze bis auf das Plateau des Nanopunkts gehoben wird, ändert sich die Richtung des Feldes. Sobald aber die Spitze komplett das Plateau erreicht hat, liegt wieder eine vorwiegend normale Feldverteilung unterhalb der Spitze an und es werden keine Störeinflüsse gemessen. Eine Reihe von Voruntersuchungen hat gezeigt, dass dieser Effekt nur sehr gering und in den meisten Fällen vernachlässigbar ist. Um Artefakte und Topografieeffekte im piezoelektrischen Signal zu vermeiden, wurden lediglich die Bereiche der lokalen piezoelektrischen Aktivität ausgewertet, in denen sich die Spitze mit Sicherheit auf dem Plateau befand.

Das gemessene Signal ist sehr stark lokalisiert und beinhaltet nur eine Antwort des obersten Schichtbereichs. Elektrostatische Simulationen der Wechselwirkungen zwischen Spitze und Oberfläche ergaben einen sehr schnellen Potenzialabfall mit steigender Eindringtiefe. Bei einer Spannung von 3 V an der Spitze sinkt das Potenzial schon nach ca. 3...25 nm auf seinen halben Wert, je nach dem welches der beiden Modelle der Spitze–Oberflächen-Wechselwirkung angenommen wird.

b. AUSWIRKUNG DER MATERIALVERFORMUNG

Die Verformung des Materials durch das elektrische Feld unterhalb der Spitze kann entsprechend des zugehörigen piezoelektrischen Tensors in allen drei Raumrichtungen x, y und z liegen. Diese werden über die Spitze auf den Cantilever übertragen. Die entsprechenden Verschiebungen oder Verdrehungen des Cantilevers führen zu einer Ablenkung des Laserstrahls auf der 4-Quadranten-

Diode. Mechanisch betrachtet ist der Cantilever ein einseitig eingespannter Federbalken, der aufgrund seiner Formgebung an dem freien Ende drei Freiheitsgrade besitzt: Translation in z-Richtung und Torsionen um die x- und y-Achse. Durch die Übertragung der Bewegungen über die Spitze – die als Hebel wirkt – auf den Cantilever, kommt es zu einer Überlagerung dieser Bewegungen. Bei einer Verschiebung der Spitze in x-Richtung führt der Federbalken eine Torsion um seine Längsachse y aus. Gleichzeitig wird aber durch die Schrägstellung der Spitze der Abstand zwischen Cantilever und Probe verkürzt, da die Spitze weiterhin in Kontakt mit der Probenoberfläche ist.

Tabelle 4.6 stellt die einzelnen Translationsbewegungen unterhalb der Spitze und deren Einfluss auf das laterale und normale Signal dar. Durch Abschätzungen mit einer Modellgeometrie der Cantilever–Detektor-Anordnung wurde der Einfluss auch qualitativ berechnet (Anhang C) und daraus Rückschlüsse auf vernachlässigbare Einflüsse gezogen (Tabelle 4.6).

Tabelle 4.6.: Bewegungsrichtungen eines Cantilever und deren Einfluss auf das normale U_{o-u} und laterale U_{l-r} Ausgangssignal bei der Piezokraft-Mikroskopie.

Richtung	Lateraler Einfluss U_{l-r}	Normaler Einfluss U_{o-u}
Δx	• Verdrehung um die Längsachse des Cantilevers ⇒ laterale Torsion	• Veränderung des Abstands zur Probe ⇒ vernachlässigbar
Δy	• kein Einfluss	• Verdrehung um die Cantilever-Querachse ⇒ Ausbeulung • Veränderung des Abstands zur Probe ⇒ vernachlässigbar
Δz	• kein Einfluss	• vertikale Verschiebung ⇒ Durchbiegung • Verschiebung des Reflexpunkts auf dem Cantilever ⇒ vernachlässigbar

Aus Tabelle 4.6 folgt, dass ein Cantilever prinzipiell drei verschiedene Hauptbewegungsrichtungen besitzt: Durchbiegung, Verdrehung um die Längsachse (laterale Torsion) und vertikale Verdrehung (vertikale Torsion oder Ausbeulung). Die Länge des Cantilevers wird mit L bezeichnet, die Höhe bestehend aus der Summe der Länge der Spitze l_{tip} und der Dicke T des Cantilevers mit H und dem Abstand zwischen dem Cantilever und der 4-Quadranten-Diode S (vgl. Anhang C).

Durchbiegung: Eine Verschiebung des Cantilevers um Δz normal zur Probenoberfläche führt zu einer Ablenkung ΔD_{u-o} auf der 4-Quadranten-Diode (vgl. Abschn. 2.6.2). Das Verhältnis aus der Ablenkung auf der Diode zur Verschiebung Δz wird als Out-of-Plane-Verstärkung in V_{oop} bezeichnet:

$$\Delta D_{u-o} = \frac{3S \cdot \Delta z}{L} \quad \Rightarrow \quad V_{oop} = \frac{D_{u-o}}{\Delta z} = 3\frac{S}{L} \qquad (4.4)$$

Laterale Torsion: Der Federbalken erfährt lediglich eine Torsion, wenn die Spitze normal zur Längsachse des Cantilevers in der Ebene um einen Wert Δx verschoben wird (Tabelle 4.6). Die laterale Verschiebung ΔD_{l-r} auf der 4-Quadranten-Diode bezogen auf die In-Plane-Spitzenverschiebung Δx wird als In-Plane-Verstärkung der x-Richtung $V_{ip,x}$ bezeichnet:

$$\Delta D_{l-r} = \frac{4S \cdot \Delta x}{H} \quad \Rightarrow \quad V_{ip,x} = \frac{D_{l-r}}{\Delta x} = 4\frac{S}{H}. \quad (4.5)$$

Vertikale Torsion oder Ausbeulung: Besitzt der Cantilever eine geringe Steifigkeit, kann eine In-Plane-Bewegung in Längsrichtung des Cantilevers unterhalb der Spitze zu einer Ausbeulung führen. Diese In-Plane-Bewegung führt zu einer zusätzlichen vertikalen Verschiebung ΔD_{u-o} auf der 4-Quadranten-Diode. Wird ΔD_{u-o} auf die Verschiebung Δy bezogen kann die In-Plane-Verstärkung der y-Richtung $V_{ip,y}$ angegeben werden:

$$\Delta D_{u-o} = \frac{4S \cdot \Delta y}{H} \quad \Rightarrow \quad V_{ip,y} = \frac{D_{u-o}}{\Delta y} = 4\frac{S}{H} \quad (4.6)$$

Durch die Überlagerung aller drei Bewegungen kann sich jede beliebige Cantileververformung einstellen. Die Sensitivität gegenüber den einzelnen Bewegungen ist sehr unterschiedlich und kann aus dem Verhältnis der Verstärkungen abgeschätzt werden:

$$\frac{V_{oop}}{V_{ip}} = \frac{4}{3}\frac{L}{H}. \quad (4.7)$$

Die beiden Verstärkungen der In-Plane-Richtung sind dabei gleichgroß. Für einen N1-TiN-Cantilever (Tabelle 4.5) mit einer Länge $L = 130\,\mu m$, einer Gesamthöhe $H = 10{,}5\,\mu m$ ergibt sich ein Verhältnis

$$\frac{V_{oop}}{V_{ip}} \approx 17. \quad (4.8)$$

Aus dieser Abschätzung ist zu erkennen, dass das In-Plane-Signal immer einen wesentlich größeren Einfluss auf das Ausgangssignal der 4-Quadranten-Diode hat, als das Out-of-Plane-Signal. Um ein auswertbares normalen Signal U_{o-u} zu erhalten muss der In-Plane-Anteil in y-Richtung möglichst unterdrückt werden (vgl. Abschn. 5.2).

4.4.3. ORTSAUFLÖSUNG

Von entscheidender Bedeutung für die Bestimmung der piezoelektrischen Eigenschaften von Nanopunkten ist die Ortsauflösung. Das RAYLEIGH-Kriterium definiert diese als die kürzeste Distanz zwischen zwei Streupunkten, bei der sie für ein spezifisches Abbildungssystem noch voneinander unterschieden werden können. Das Informationslimit hingegen gibt die minimale Größe eines Merkmals an, so dass es gerade noch vom Rauschen unterschieden werden kann. Bei der PFM steht die Auflösung nicht von vornherein fest, sondern ist sehr stark von den Messbedingungen (Probe, Cantilever) abhängig und kann als Vergleichskriterium nicht uneingeschränkt genutzt werden. Dennoch wird eine quantitative Abschätzung benötigt [286],

- um eine Abschätzung des Auflösungslimits und dessen Abhängigkeit von der Spitzengeometrie und den Materialeigenschaften zu erhalten. Dies ermöglicht die Definition von Anforderungen für hochauflösende Abbildungen.

- um Kriterien für die Kalibrierung der Spitzengeometrie zu finden, damit sich verschiedene Messungen quantitativ auswerten lassen.

- um Bilder in Bezug auf die realen Abmessungen von Domänenwänden und einzelnen Domänen richtig zu interpretieren.

- um ideale Bilder aus den experimentellen Daten zu rekonstruieren und dadurch den Einfluss der Spitze zu eliminieren

Eine Möglichkeit der Abschätzung der Auflösung einer PFM-Messung ist das Vermessen von Domänenwänden zwischen zwei entgegengesetzt polarisierten Domänen. Die intrinsische Größe einer Domänenwand beträgt üblicherweise nur zwischen 1...2 Einheitszellen, was ca. 1 nm entspricht [294]. Abbildung 4.17 zeigt die piezoelektrische Out-of-Plane-Antwort von PZT an einer Domänenwand. Die Auflösung kann hier als die Halbwertsbreite b_{min}^A des Übergangs zwischen den beiden Amplitudenmaxima der benachbarten Domänen direkt abgelesen werden und entspricht in etwa dem RAYLEIGH-Kriterium für PFM-Messungen.

Eine andere Möglichkeit bietet die Ermittlung der Auflösung aus dem Phasenbild. Während im Amplitudenbild ein kontinuierlicher Übergang erfolgt, zeigen die Phasenbilder oftmals einen abrupten Sprung an der Domänenwand (Abb. 4.17c). Theoretisch sollte die Breite des Übergangs an dieser Stelle Null sein. Aufgrund der Spitzengeometrie wird jedoch eine endliche Breite b_{min}^φ gemessen, aus der sich die Auflösung ablesen lässt (Abb. 4.17d). Dieser Wert ist üblicherweise um ein Vielfaches kleiner, als der aus dem Amplitudenbild ermittelte Wert. Die Phasenbilder enthalten aber nur einen Bruchteil der eigentlichen PFM-Informationen, so dass – so lange es keine exakten Modelle für die Spitze–Probe-Interaktion gibt – die Auflösung nur näherungsweise bestimmt werden kann und der somit erhaltene Wert als Informationslimit für die Methode gilt.

4.4.4. KONTRASTMECHANISMUS

Obwohl sich PFM sehr gut als vielseitiges Werkzeug zur Messung von ferroelektrischen Domänen durchgesetzt hat, ist der eigentliche Kontrastmechanismus gegenwärtig immer noch Gegenstand der Untersuchungen [285, 295–298]. Nachdem früher davon ausgegangen wurde, dass die gemessene elektromechanische Antwort direkt proportional zum piezoelektrischen Koeffizienten d_{33} ist, haben LUO et al. herausgefunden, dass die Temperaturabhängigkeit der gemessenen elektromechanischen Antwort ähnlich der spontanen Polarisation ist [296]. Dieses Verhalten wird durch vorhandene elektrostatische Wechselwirkungen infolge von Polarisationsladungen an der Oberfläche verursacht [62, 299]. Der Einfluss von elektrostatischen Wechselwirkungen konnte auch durch Messungen auf Materialien ohne piezoelektrische Eigenschaften bestätigt werden [300]. Dem entgegen lässt das Auftreten eines lateralen Signals bei den Messungen auf piezoelektrischen Materialien darauf schließen, dass ein nicht unerheblicher Teil des Signals durch die elektromechanischen Wechselwirkungen mit der Probe erzeugt wird [23, 301–306].

Alle bisherigen Untersuchungen unterstreichen, dass das gemessene PFM-Signal nicht nur aus der eigentlichen piezoelektrischen Antwort, sondern auch zu einem gewissen Teil durch elektrostatische Wechselwirkungen verursacht wird [295]. Die gemessene Amplitude A besteht also aus der gesuchten piezoelektrischen Antwort A_{piezo}, aus einem unerwünschten elektrostatischen Anteil A_{el} sowie einem nicht lokalisierten Anteil A_{nl}, der durch die kapazitiven

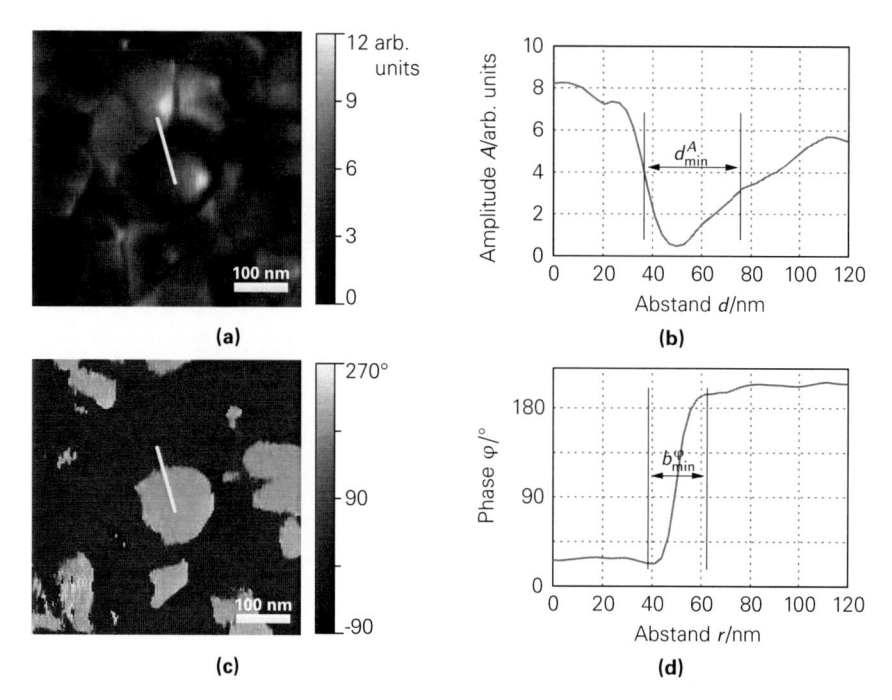

Abbildung 4.17.: Bestimmung der Ortsauflösung einer PFM-Messung aus der Breite der Domänenwände b: (a) Out-of-Plane-Amplitude, (c) zugehöriges Phasenbild, (b) Schnitt entlang der Linie aus (a,d) Auswertung des Phasensprungs.

Wechselwirkungen zwischen Cantilever und Probe verursacht wird [62, 295, 302]:

$$A = A_{piezo} + A_{el} + A_{nl} \qquad (4.9)$$

Um die gemessenen Bilder sinnvoll auswerten zu können muss

$$A_{piezo} \gg A_{el} \qquad (4.10)$$

gelten. Ist dies nicht der Fall, spiegeln die gemessenen Daten vor allem die elektrostatischen Wechselwirkungen mit der Probe wider. Im Falle von ferroelektrischen Proben hat die lokale Polarisation oft einen entscheidenden Einfluss sowohl auf die elektromechanische Reaktion als auch auf die elektrostatischen Wechselwirkungen. Aus diesem Grund sind qualitative Messungen auch dann noch möglich, wenn die Bedingung aus Unglg. (4.10) nicht erfüllt ist.

Bei vergleichenden Messungen, wie sie in dieser Arbeit überwiegend durchgeführt werden, ist der Einfluss auf die Abweichung von der eigentlichen lokalen piezoelektrischen Antwort nochmals geringer. Der Anteil der kapazitiven Wechselwirkung A_{nl} bleibt bei konstanter Spitzengeometrie und Auflagekraft auch über mehrere Messungen konstant. Die gemessene Amplitude A beinhaltet also einen konstanten Offset A_{nl} sowie einen elektromechanischen Anteil A_{piezo} und einen elektrostatischen Teil A_{el}, die jedoch beide durch die lokale Polarisation verursacht werden. Der Vergleich der gemessenen Amplituden A verschiedener Proben steht dann in direktem Zusammenhang mit der lokalen Polarisation der Proben.

4.4.5. MESSUNGEN

a. MESSBEDINGUNGEN

Die Messungen der Proben (Anhang B) erfolgten unter vergleichbaren Bedingungen. Für jede Messung wurde die Kraft–Weg-Kurve des Cantilevers aufgenommen und so dessen Brauchbarkeit getestet. Darüber hinaus wurde die mechanische Vorspannung des Cantilevers, der sogenannte Setpoint[4], immer konstant eingestellt. Die zu verwendenden Messspannungen und Frequenzen wurden in einem Vorversuch auf unstrukturierten PZT-Filmen ermittelt und später während der Messung nur zu Testzwecken variiert. Als eine gute Messfrequenz hat sich dabei 47,8 kHz ergeben. Dieser Wert ist sowohl für das In-Plane- als auch für das Out-of-Plane-Signal weit entfernt von Resonanzen. Im Anschluss wurde die Messspannung so angepasst, dass genügend Kontrast existiert, ohne dabei Domänen zu schalten. Eine Spannung von 3 V hat sich als dafür gut geeignet herausgestellt.

b. KALIBRIERUNG

Die Kennlinie des Cantilevers wurde durch die Messung der lateralen und normalen piezoelektrischen Antwort auf einem bekannten Material experimentell ermittelt. Als Referenzmaterial diente einkristallines Lithiumniobat (Abschn. 2.4.2). In Glg. (2.17) (S. 20) ist der piezoelektrische Tensor für LNO dargestellt. Um mehrere Vergleichswerte zu erhalten, wurde LNO im y-Schnitt und im z-Schnitt verwendet. Wird der Einkristall aus genau einer Richtung angeregt, besitzt der Feldvektor **E** nur eine einzelne Komponente 1, 2 oder 3, die den Richtungen x, y oder z entspricht. Nach Glg. (2.13) (S. 14) ergibt sich für die Deformation nur die Abhängigkeit von der zugehörigen Zeile des piezoelektrischen Tensors und es kann für die verschiedenen Schnitte des LNO die zu erwartenden Einflüsse auf die piezoelektrische Antwort direkt aus dem Tensor von Glg. (2.17) (S. 20) ermittelt werden (Tabelle 4.7).

Aus Tabelle 4.7 ergibt sich, dass von einem LNO-Einkristall im y-Schnitt für die Normalenrichtung ein konstanter Wert der piezoelektrischen Antwort unabhängig von der Drehung der Probe unterhalb des Cantilever zu erwarten ist. Einen Einfluss hat gegebenenfalls eine Ausbeulung des Cantilevers, wenn die x-Richtung der Probe mit der Längsachse des Cantilevers übereinstimmt. Ist die Probe aber um 90° unter der Spitze verdreht, d.h. dass die x-Richtung der Probe mit der des Cantilevers übereinstimmt, wird ein laterales Signal gemessen. Es wird also in Abhängigkeit von der Probendrehung ein unterschiedlich großer Wert für die laterale Torsion und das Ausbeulen gemessen.

Tabelle 4.7.: Zu erwartende Bewegung des y- und z-LNO bei Anregung der lokalen piezoelektrischen Antwort.

Richtung	y-Schnitt	z-Schnitt
lateral	$d_{21} = -d_{22}$: x-Richtung $d_{24} = d_{15}$: Scherung der x-z-Ebene	d_{31}: x-Richtung $d_{32} = d_{31}$: y-Richtung
normal	d_{22}	d_{33}

---

[4] Entspricht der Grundauslenkung bzw. der mechanischen Vorspannung des Cantilevers und definiert die Kraft, mit der die Spitze auf die Probe gedrückt wird.

Für einen Einkristall im z-Schnitt wird sowohl in der Normalenrichtung als auch in der lateralen Richtung ein konstanter Wert der piezoelektrischen Antwort gemessen, der gegenüber der Probendrehung invariant ist, da $d_{31} = d_{32}$ gilt. Das Signal der normalen Richtung wird gegebenenfalls auch von einem Signal durch Ausbeulen überlagert.

Auf einem leitfähigen Probenhalter wurden sowohl ein y-Schnitt als auch ein z-Schnitt der Probe fixiert. Der Probenhalter wurde im Abstand von 90° markiert, so dass aus verschiedenen Richtungen gemessen werden konnte. Dabei ist die Positionierung der Probenkoordinatensysteme unklar, aber die relative Position der Proben zueinander bleibt durch die gemeinsame Fixierung erhalten (Abschn. 5.2).

c. 2D-PIEZOKRAFT-MIKROSKOPIE

Bei den Messungen der Piezokraft-Mikroskopie werden simultan immer zwei verschiedene Richtungen aufgezeichnet. Die Bewegung des Cantilevers in y-Richtung, auch als Out-of-Plane-Signal bezeichnet, und die Verkippung des Cantilevers um seine Längsachse. Diese Verkippung spiegelt die In-Plane-Komponente wider, die senkrecht zur Cantileverlängsachse angreift. Da die Bewegungen aufgrund der Cantilevergeometrie jeweils auf eine Achse beschränkt ist, enthalten die zugehörigen Phasenbilder zwei verschieden Richtungen die durch einen 180°-Phasensprung genau entgegengesetzt zu einander sind. Durch die Umwandlung des Phasenbildes in ein Binärbild mit den Werten 1 und −1 lässt sich die Richtung und die Amplitude in einem Bild angeben. Dazu werden die einzelnen Pixel des Amplituden- und des Phasenbildes miteinander multipliziert.

Durch die Kombination der Out-of-Plane- und In-Plane-Richtung lässt sich die Amplitude und Phase des 2D-PFM-Bildes bestimmen. Der resultierende Vektor liegt in der x-z-Ebene. Für eine vollständige dreidimensionale Darstellung ist die Messung derselben Stelle nach einer Probenrotation von 90° nötig. Dabei wird das Koordinatensystem der Probe gegenüber dem des Cantilevers verdreht und die zweite bisher unbekannte In-Plane-Richtung kann gemessen werden.

d. HYSTERESEMESSUNGEN

PFM beruht auf der lokalen Anregung des Materials durch das Anlegen einer Wechselspannung an die Spitze des Cantilevers. Die Möglichkeit den Cantilever als lokale Spitze zu verwenden, ermöglicht es das Hystereseverhalten der Ferroelektrika genauer zu untersuchen. An die Spitze wird eine dreiecksförmige Spannung angelegt und die Amplituden- und Phasenwerte in Abhängigkeit der Zeit aufgezeichnet. Eine Grundvoraussetzung für die Messung ist, dass die Probe driftfrei ist, da sonst die Spitze während der Messung über die Probe wandert.

5. ERGEBNISSE UND DISKUSSION

Im Folgenden wird die Herstellung von PZT-Nanopunktarrays mittels Nanokugellithografie sowie deren Eigenschaften geschildert. Im ersten Abschnitt ist die Herstellung der Proben mit unterschiedlichen Strukturgrößen und Oberflächenbeschaffenheiten (reine Strukturen, gefüllte Strukturen, kontaktierte Strukturen) dargestellt. Im weiteren Verlauf des Kapitels werden die Kalibrierung der Piezokraft-Mikroskopie und die ortsaufgelöste Bestimmung der ferroelektrischen Eigenschaften der verschiedenen Strukturen betrachtet.

5.1. TECHNOLOGIE

Abbildung 5.1 zeigt die Ergebnisse der prinzipiellen technologischen Verfahrensschritte bei der Herstellung von PZT-Nanopunktarrays ein und derselben Probe. Dabei werden geschlossene Monoschichten von Polymerkugeln aus Dispersionen erzeugt (Abb. 5.1a und Tabelle 4.4; S. 59). Die Kugeln der geschlossenen Monolagen werden mit reaktiven Ionenätzen (RIE) in der Größe reduziert (Abb. 5.1b), um sie dann als Maske zum Strukturtransfer durch Ionenstrahlätzen (IBE) verwenden zu können (Abb. 5.1c). Die Zwischenräume der Nanopunktstruktur wurden im Anschluss mit Polymer aufgefüllt (Abb. 5.1d). Im Folgenden werden die einzelnen Herstellungsschritte detailliert beschrieben.

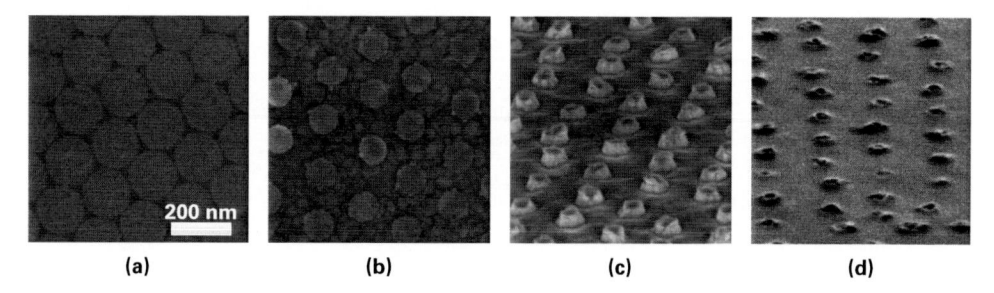

Abbildung 5.1.: Ergebnisse der Verfahrensschritte zur Herstellung von Nanopunktarrays im Überblick anhand Probe G7 (vgl. Anhang B): Hexagonal dichte Monolage aus Polymerkugeln (a), Reduktion des Kugeldurchmessers durch RIE (b), Übertragung der Maske durch IBE (c) und Auffüllen der Zwischenräume (d).

5.1.1. DISPERSIONEN VON POLYMERKUGELN

Ausgangspunkt für die Herstellung der PZT-Nanopunktarrays sind Dispersionen von Polystyrolkugeln. Durch die Änderung der Emulgatorkonzentration und die Modifikation des Monomers lassen sich sowohl die Größe als auch die Morphologie der Polymerkugeln beeinflussen (Tabelle 4.4). Die Emulgatorkonzentration (Anteil von SDS) beeinflusst dabei direkt den Durchmesser der entstehenden Partikel (Tabelle 5.1). Die Größe der Nanokugeln wurde mittels dynamischer Lichtstreuung (Dynamic Light Scattering, DLS) und durch Abbildung von einzelnen Kugeln auf Siliziumsubstraten im REM bestimmt [246]. Da bei der DLS die hydrodynamische Dimension der Partikel bestimmt wird und die REM-Untersuchungen im Hochvakuum stattfinden, treten bei unmodifizierten Polymerkugeln zwischen den experimentell bestimmten Werten Abweichungen von 10…30 nm auf. In Tabelle 5.1 ist ersichtlich, dass ein höherer Anteil von SDS bei der Polymerisationsreaktion zu Partikeln mit kleinerem Durchmesser führt. Die Beziehung zwischen dem mittleren Partikeldurchmesser $\bar{d}$ und dem Gewichtsanteil $m(\text{SDS})$ von SDS an der Reaktion kann durch die Abhängigkeit

$$\bar{d} \propto \exp\left(\frac{m(\text{SDS})}{m(\text{gesamt})}\right) \tag{5.1}$$

beschrieben werden. Abbildung 5.2 zeigt die Abhängigkeit des Kugeldurchmessers von der Anfangskonzentration des Emulgators im Reaktionsgemisch. Neben den absoluten Abweichungen vom mittleren Kugeldurchmesser $\bar{d}$ ist auch die relative Streuung $s_d/\bar{d}$ dargestellt, wobei s_d die Standardabweichung der Messwerte ist. Erwartungsgemäß nimmt die absolute Streuung mit zunehmendem Kugeldurchmesser zu, während die relative Streuung jedoch abnimmt. Größere Partikel besitzen eine geringere relative Streuung, was für eine bessere Uniformität der Kugeln spricht.

Tabelle 5.1.: Mittlere Kugeldurchmesser der hergestellten Polymerpartikel.

Typ	GewW.-% SDS	ø DLS [nm]	ø REM [nm]
EP1	3,6	70	43
EP2	1,0	145	117
EP3	0,5	243	230
EP4	0,1	472	437
EP5*	0,5	226	225
EP6*	0,1	509	445
EP7**	0,5	74	115

Modifikation: * Acrylsäure, ** Methacrylsäure

Der Feststoffgehalt des Reaktionsgemisches steht in direktem Zusammenhang mit der Viskosität der Emulsion. Ein zu hoher Feststoffgehalt führt zu einer hochkonzentrierten Emulsion mit hoher Viskosität. Das Reaktionsgemisch kann dann nur noch ungenügend gerührt werden und es bilden sich Aggregationen zwischen den Polystyrolpartikeln.

Abbildung 5.3 zeigt den Einfluss der Oberflächenmodifikation. Nicht modifizierte Polystyrolkugeln (Abb. 5.3a) ordnen sich dicht zueinander an, verbinden sich aber nicht. Die Partikel mit einer Acrylsäuremodifikation führen zu einem Verschmelzen der Kugeln (Abb. 5.3b). Dadurch werden die Zwischenräume der dichten Anordnungen selbstständig aufgefüllt und es bilden sich geschlossene Schichten definierter Dicke. Für die Verwendung als Maske eignen sich verschmolzene Schichten jedoch nicht.

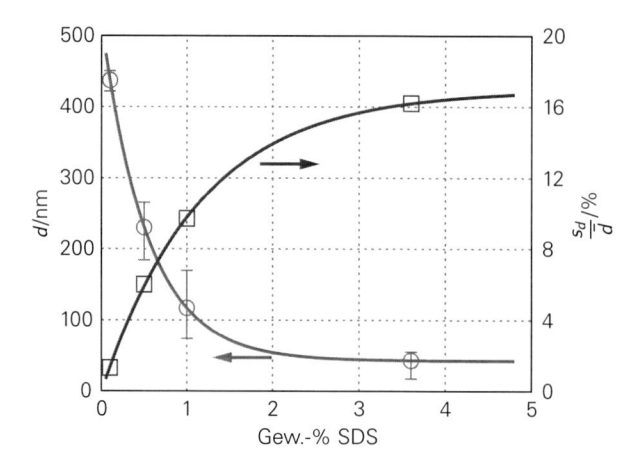

Abbildung 5.2.: Abhängigkeit des Kugeldurchmessers d (○) und der relativen Streuung $s_d/\bar{d}$ (□) vom Gewichtsanteil SDS zu Beginn der Polymerisation.

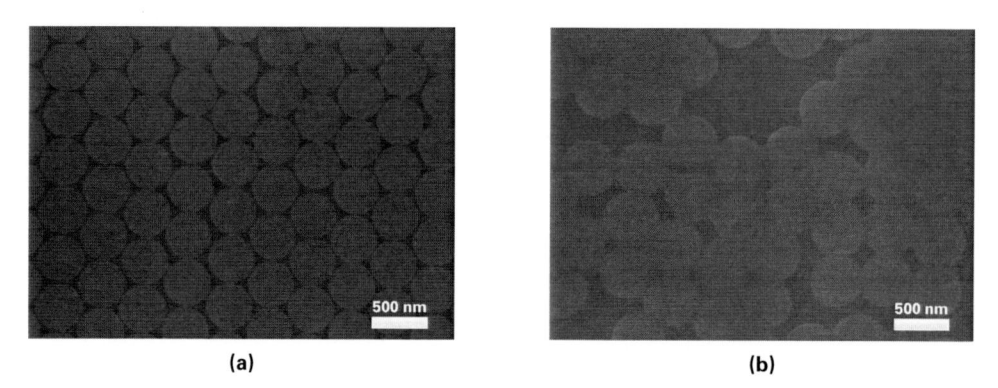

(a)   (b)

Abbildung 5.3.: Durch Emulsionspolymerisation hergestellte Polymerpartikel mit einem Durchmesser von ca. 440 nm. (a) EP4: unmodifizierte Polystyrolpartikel und (b) EP6: modifizierte Poly(Styrol-co-Acrylsäure)-Partikel.

5.1.2. HERSTELLUNG UND MODIFIKATION GESCHLOSSENER MASKEN AUS NANOKUGELN

Die Bildung von Masken aus Polymerkugeln an einer Flüssigkeits–Gas-Grenzschicht durch Selbstorganisation ist ein sehr einfacher und schneller Ansatz, der sich hervorragend für Laboruntersuchungen eignet. Mit der Methode konnten Masken aus hexagonal dicht gepackten Kugeln bis zu einer Fläche von mehreren Quadratmillimetern hergestellt werden. Diese Masken sind nahezu perfekt angeordnet und besitzen in Analogie zur Atomanordnung in Kristallen lediglich einige wenige Versetzungen und Fehlstellen.

Die Experimente zeigten eine sehr gute Reproduzierbarkeit, wenn die folgenden Prozessparameter eingehalten wurden:

- 20 µl Dispersion-Ethanol-Gemisch (1 : 1) für einen 3″-Transferwafer,
- Start des Transfervorgangs, wenn die Dispersion ca. 80% des Transferwafers bedeckt,
- die Neigung beim Eintauchen des Wafers sollte ca. 5° betragen,
- das Eintauchen sollte mit ca. 0,5 mm/s erfolgen.

Die Manipulation der Kugelgröße erfolgte durch Niederdruck-Plasmaätzen (RIE, vgl. Abschn. 4.3.1d). Die HF-Leistung und der Kammerdruck beeinflussen die Ätzrate und die Isotropie des Ätzprozesses (Abb. 5.4). Eine verminderte Anregungsleistung P führt zu einer geringeren Eigenvorspannung der HF-Elektroden und somit zu einem verringerten physikalischen Abtrag der Polystyrolkugeln. Dadurch sinkt ebenso die Ätzrate.

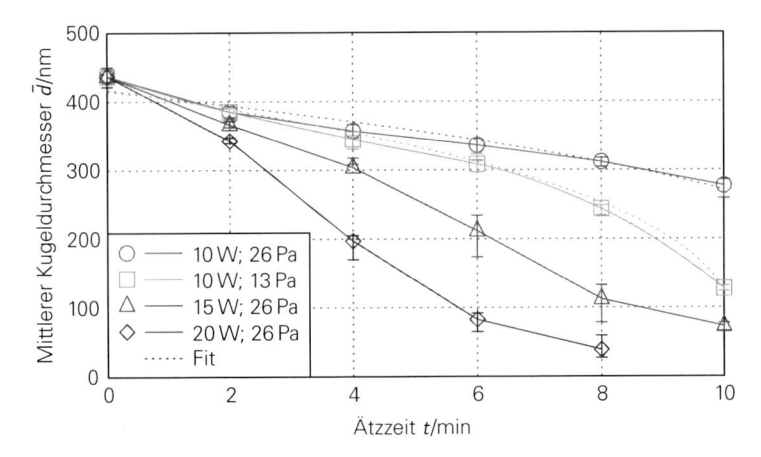

Abbildung 5.4.: Einfluss der HF-Leistung P und des Kammerdrucks p auf die Ätzrate von Polystyrolkugeln mit einem Anfangsdurchmesser von ca. 437 nm (EP4).

Die Erhöhung des Kammerdrucks hat keinen direkten Einfluss auf die Ätzrate der Polymerkugeln. Bei einem höheren Druck in der Kammer sind eine größere Anzahl von Teilchen im Plasma vorhanden und die mittlere freie Weglänge verringert sich. Es treffen weniger geladene Teilchen auf die Elektroden und die Eigenvorspannung der HF-Elektroden sinkt, was den physikalischen Abtrag verringert. Dieser Effekt wird durch den Anstieg des chemischen Abtrags aufgrund der höheren Anzahl von Teilchen und freien Radikalen im Plasma kompensiert, so dass die resultierende Ätzrate näherungsweise konstant bleibt.

Durch die Veränderung des Drucks in der Kammer lässt sich also die Isotropie des Ätzvorgangs einstellen. Quantitativ bedeutet eine Verdopplung des Drucks von 13 Pa auf 26 Pa eine Reduktion der Eigenvorspannung der Elektroden um ca. 60 V (vgl. Abb. 4.9; S. 61).

Dieser Effekt lässt sich auch am Verlauf der Ätzkurven in Abb. 5.4 nachvollziehen. Wird von einem isotropem chemischen Ätzen ausgegangen, reduziert sich der Durchmesser d der Polystyrolkugel je Zeiteinheit dt um das gleiche Volumen dV. Aus den Bedingungen

$$V(t) = \frac{1}{6}\pi d^3(t), \tag{5.2}$$

$$\frac{dV}{dt} = a = \text{const.}, \tag{5.3}$$

$$V(t=0) = V_0 \tag{5.4}$$

folgt die Näherung für die Abhängigkeit zwischen dem Durchmesser d und der Zeit t:

$$d(t) = \sqrt[3]{\frac{6}{\pi}(a \cdot t + V_0)}. \tag{5.5}$$

Wird Glg. (5.5) als Fit für die Verläufe in Abb. 5.4 verwendet, so zeigt sich eine gute Übereinstimmung für die Kurven mit einer Ätzleistung von 10 W (gestrichelte Linie). Für die Kurven mit höherer Leistung ist keine Näherung durch $d(t) \propto \sqrt[3]{t}$ mehr möglich, was auf einen Übergang vom isotropen zum anisotropen Ätzabtrag hindeutet.

Abbildung 5.5 zeigt zwei einzelne geätzte Polystyrolkugeln mit einem Durchmesser von ca. 200 nm. Eine Kugel wurde bei 20 W und einem Druck von 13 Pa (Abb. 5.5a) und die andere bei 10 W und einem Druck von 26 Pa (Abb. 5.5b) geätzt. Eine niedrige Leistung und ein hoher Druck führen zu Kugeln mit einer glatten und gleichmäßigen Oberfläche, während eine hohe Leistung und ein niedriger Druck zu rauen und zerklüfteten Oberflächen führen. Grund für die raue Oberfläche ist der höhere Ionenfluss, welcher auf die Kugeloberfläche auftrifft und für den physikalischen Abtrag (Sputtern) verantwortlich ist.

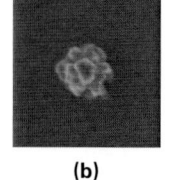

Abbildung 5.5.: Einzelne, geätzte Polystyrolkugeln mit einem Durchmesser von ca. 200 nm: (a) $P = 20$ W, $p = 13$ Pa und (b) $P = 10$ W, $p = 26$ Pa.

Um eine größtmögliche Isotropie des Ätzprozesses der Polymerkugeln zu erreichen, wurde eine geringe HF-Leistung P von nur 10 W und ein Druck p von 26 Pa verwendet. Dies stellt sicher, dass die Maske nicht unnötig beschädigt wird und dass der Ätzprozess möglichst lange näherungsweise linear abläuft (Abb. 5.4; rote Kurve). Höhere Leistungen und Drücke führen zu einer starken Beschädigung der Kugeloberfläche, so dass nicht mehr ausreichend Material für den folgenden Strukturtransfer vorhanden ist. Abbildung 5.6 zeigt REM-Aufnahmen für den optimierten Fall ($P = 10$ W und $p = 26$ Pa).

(a) ungeätzt **(b)** 2 min **(c)** 4 min
(d) 6 min **(e)** 8 min **(f)** 10 min

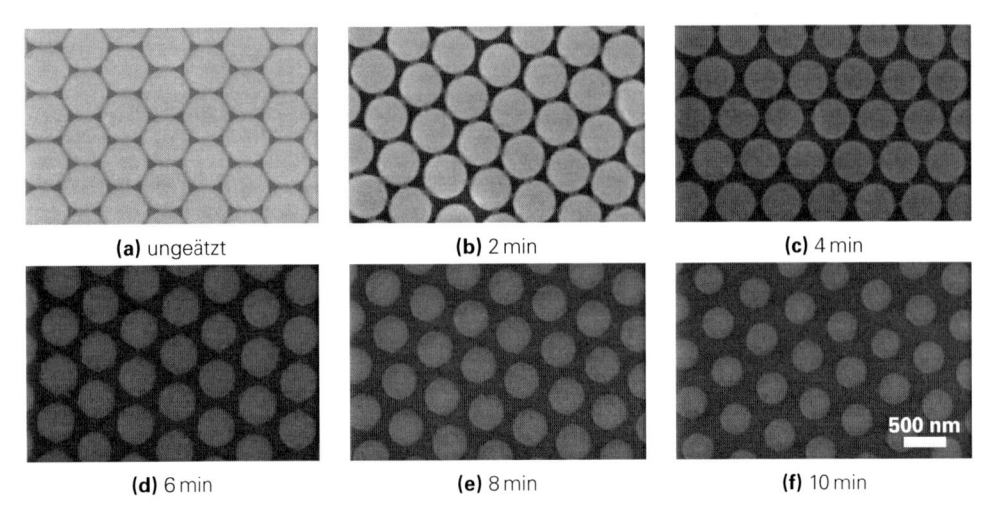

Abbildung 5.6.: Verkleinerung der Maskenpartikel mit Niederdruck-Plasmaätzen ($P = 10\,\text{W}$ und $p = 26\,\text{Pa}$) in Abhängigkeit von der Ätzzeit.

5.1.3. STRUKTURTRANSFER

Die Übertragung der Maske in die dünne PZT-Schicht erfolgte durch Ionenstrahlätzen (IBE, vgl. Abschn 4.3.2). Das Ätzverfahren besitzt keine Selektivität gegenüber PZT oder Polystyrol, so dass sich ein Ätzratenverhältnis von etwa 1 : 1 zwischen der Maske und der zu strukturierenden Schicht ergibt. Die Übertragung der Maske ist nicht ganz exakt, da die Maske aus einzelnen Kugeln besteht und so bei Betrachtung von oben unterschiedlich dick ist. Die Verkleinerung des Durchmessers d der Maskenkugeln während des Ionenstrahlätzens lässt sich unter der Annahme, dass eine Abtragung nur senkrecht von oben erfolgt, durch folgende Beziehung beschreiben:

$$d(t_{\text{IBE}}) = \sqrt{d_0^2 - a \cdot t_{\text{IBE}}^2}. \tag{5.6}$$

Hier sind t_{IBE} die Ätzzeit, d_0 der Anfangsdurchmesser und a ein Prozessparameter, welcher die Ätzrate beschreibt. Die Glg. (5.6) beschreibt einen Viertelkreis im ersten Quadranten, woraus sich schließen lässt, dass der Kugeldurchmesser zu Beginn des Ätzens nur sehr langsam schrumpft und zum Ende hin aber immer schneller abnimmt. Das Ätzen von flachen Strukturen mit einem kleinen Aspektverhältnis ist also hinsichtlich der Maskenabmessung annähernd maßhaltig. Beim Ätzen von Strukturen mit einem großen Aspektverhältnis treten jedoch Abweichungen zur Maske auf. Abbildung 5.7a veranschaulicht diesen Zusammenhang. Je kleiner die Kugeln der Maske durch die RIE-Ätzzeit t_{RIE} sind, desto größer sind nach der Übertragung mittels IBE die Abweichungen zwischen Maske und resultierender Struktur. Aus diesem Grund ergibt sich für das nicht selektive Ionenstrahlätzen ein Aspektverhältnis, welches immer kleiner als 1 : 1 ist. Für höhere Aspektverhältnisse ist ein reaktives, anisotropes Ätzverfahren notwendig, das gegenüber Polystyrol eine sehr hohe Selektivität zeigt.

Abbildung 5.7b zeigt die Höhe h der entstehenden Strukturen in Abhängigkeit der IBE-Ätzzeit t_{IBE} (vgl. auch Abb. 5.8a). Die einzelnen Messwerte können durch eine lineare Funktion genähert werden, aus der sich eine Ätzrate von ca. 6,3 nm/min für dünne PZT-Schichten ergibt.

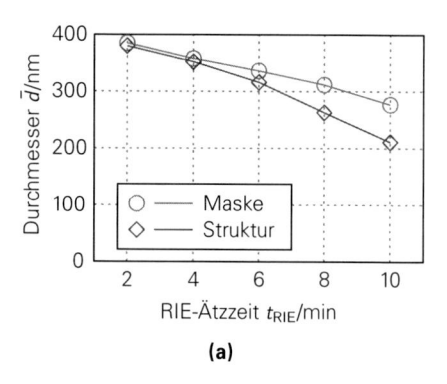

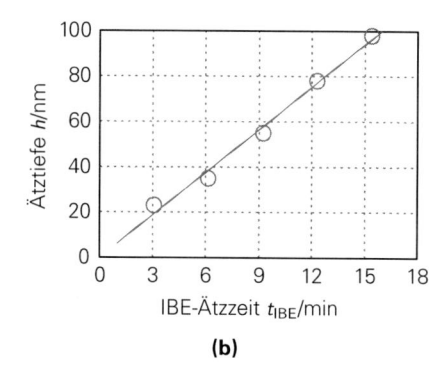

Abbildung 5.7.: Einfluss des Ionenstrahlätzens (IBE) auf die Geometrie der entstehenden Strukturen. (a) Gegenüberstellung des Durchmessers $\bar{d}$ der Maske vor dem IBE und der daraus entstehenden Strukturen und (b) Abhängigkeit zwischen der IBE-Ätzzeit t_{IBE} und der entstehenden Strukturtiefe.

In Abb. 5.8a,b sind zwei verschiedene Nanopunktarrays in der Schrägansicht dargestellt. Die Aspektverhältnisse (Höhe : Durchmesser) liegen dabei bei 1 : 2,5 und 1 : 4. In Abb. 5.8b sind die Rückstände der Nanokugelmaske noch erkennbar. Die Maske ist leicht verformt und genügt nicht mehr exakt der Glg. (5.6). Dennoch ist der qualitative Verlauf erkennbar. An den Rändern sind die Maskenkugeln schon deutlich abgetragen, während in der Mitte noch genügend Maskenmaterial vorhanden ist. Neben dem rein physikalischen Abtrag durch das Ionenstrahlätzen kann auch eine starke lokale Verformung durch den Einschlag der Ionen zu einer Verformung des Polystyrols führen. Eine großflächige Erwärmung der Substrate und Masken konnte durch die Kühlung und durch entsprechend niedrige Ionen-Beschleunigungsspannungen im Prozess ausgeschlossen werden (Abschn. 4.3.2). Dennoch ist eine sehr kurze lokale Erwärmung möglich. Durch die schnellere Abdünnung der Maske an den Rändern entstehen schräge Flanken an den Nanopunkten (Abb. 5.8b), welche aber nur wenige Nanometer groß sind.

Der Erfolg der Ätzungen wurde mit energiedispersiver Röntgenspektroskopie (Energy Dispersive X-ray Spectroscopy, EDX) kontrolliert. Hierzu wurden lokale Spektren aufgenommen (Abb. 5.8c–e). Wegen der sehr dünnen PZT-Schichtdicke und der kleinen Nanostrukturen wurden diese bei hohen Beschleunigungsspannungen (≈ 15 kV) immer komplett durchstrahlt und alle Spektren beinhalten einen Einfluss des Substrats (Abb. 5.8e). Messungen auf den Nanopunkten zeigten deutliche Pb- und Ti-Peaks (Abb. 5.8c), welche bei der Messung auf der Restschicht bzw. Bodenelektrode nicht mehr auftraten (Abb. 5.8d). Der Pt-Peak der Bodenelektrode unterscheidet dieses Spektrum vom Substrat (Abb. 5.8e).

5.1.4. AUFFÜLLEN DER ZWISCHENRÄUME

Für das Auffüllen der Zwischenräume wurden erfolgreich zwei verschiedene Ansätze demonstriert:

- Imprint und

- Abziehen mit einem Rakel (Skim-Coating).

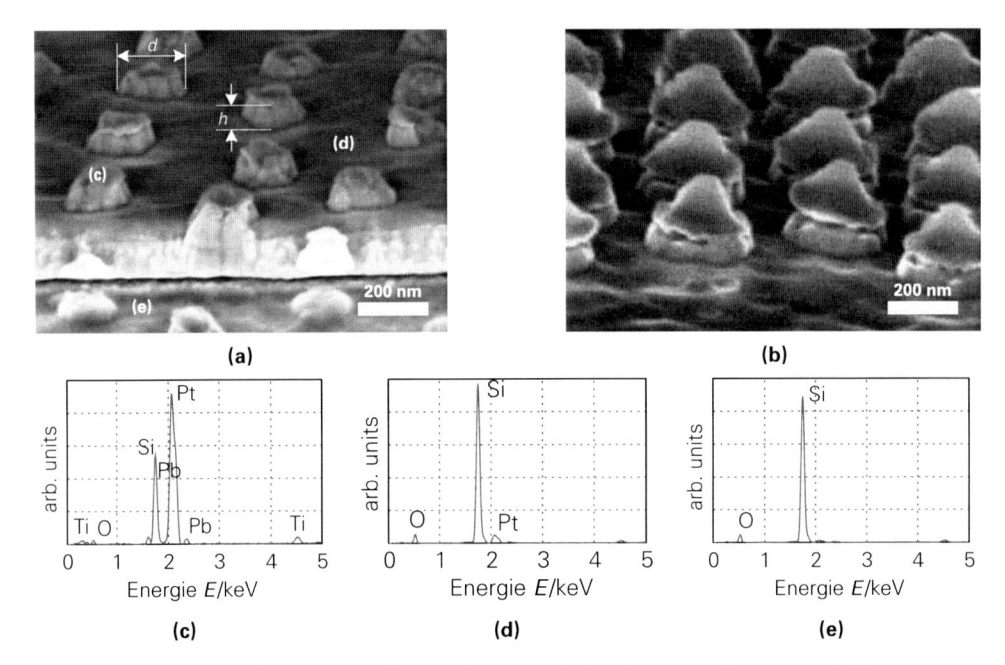

Abbildung 5.8.: (a,b) Resultierende Nanostrukturen nach dem Ionenstrahlätzen. (c–e) EDX-Spektren der verschiedenen in (a) gekennzeichneten Bereiche: (c) auf den Nanopunkten, (d) auf der Restschicht bzw. Elektrode und (e) auf dem Siliziumsubstrat. Die Durchmesser d und Höhen h der Strukturen betragen (a) $d \approx 170\,\text{nm}$; $h \approx 70\,\text{nm}$ und (b) $d \approx 300\,\text{nm}$; $h \approx 75\,\text{nm}$

Folgende Probleme können sich bei diesen Verfahren zum Auffüllen von Nano-Zwischenräumen ergeben:

- unzureichende Füllung der Zwischenräume durch zu großen Abzieh- oder Imprintdruck,

- Restschichten auf den Nanostrukturen,

- schlechte Haftung des ausgehärteten Polymers auf dem Substrat und

- dicke ungleichmäßige Polymerschichten über den Strukturen durch Unebenheiten der Substrate.

Abbildung 5.9 zeigt zwei hochauflösende AFM-Topografiebilder einer PZT-Nanostruktur vor und nach dem Auffüllen der Zwischenräume mit einem Polymer. Das Auffüllen erfolgte bei dieser Probe mittels Skim-Coating. Es ist deutlich zu erkennen, dass die Zwischenräume gefüllt sind, obwohl die Füllung nicht exakt mit den Plateaus der Nanopunkte abschließt. Durch den Anpressdruck zum Abziehen biegt sich der flexible PDMS-Rakel, der auf zwei Plateaus aufliegt, in den Zwischenräumen durch. Modellhaft kann dies durch einen beidseitig gelagerten Balken, der ganzflächig mit einem Druck p belastet wird, modelliert werden. Die größte Durchbiegung $w_{\max}$ tritt in der Mitte zwischen zwei Nanopunkten, die um die Strecke L voneinander entfernt sind, auf:

$$w_{\max} = \frac{5p \cdot L^4}{384 E I}. \tag{5.7}$$

E ist der Elastizitätsmodul und I das Biegeträgheitsmoment des PDMS-Rakels. Diese Gleichung gilt nur in einer ersten Näherung, da der Rakel praktisch meist auf mehr als nur zwei Plateaus aufliegt. Werden die Abstände zwischen den Nanopunkten aufgrund von Fehlern in der Maske zu groß (Abb. 5.10b; rechter Rand), wird der Rakel bis auf die Restschicht oder die Bodenelektrode herab gedrückt und das Polymer aus den Zwischenräumen vollständig entfernt.

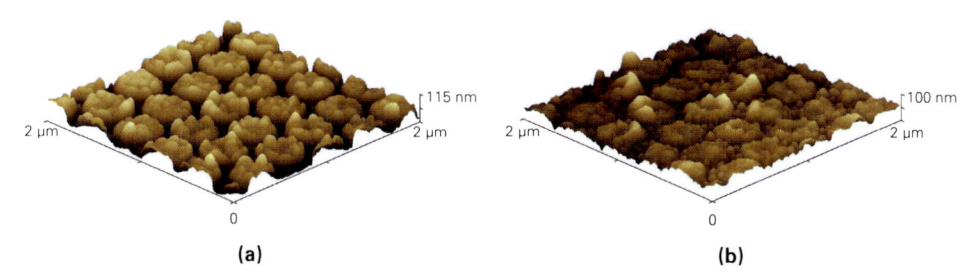

Abbildung 5.9.: Nanostrukturierte Probe mit freien Zwischenräumen (a) und mit Polymer aufgefüllten Zwischenräumen (b).

Beim Imprint mit flexiblen Stempeln kommt es ebenfalls zu einer Durchbiegung des Imprintstempels, so dass die Nanopunkte einige wenige Nanometer aus dem Polymer herausragen (Abb. 5.10). Da aber das verwendete Stempelmaterial (PFPE) im Vergleich zu PDMS einen höheren Elastizitätsmodul besitzt und der Stempel ganzflächig in Kontakt tritt, kommt es in großen Zwischenräumen nicht zur kompletten Entfernung des Polymers.

Um Restschichten auf den Plateaus zu verhindern und eventuelle Unebenheiten und Verunreinigungen auf den Substraten auszugleichen, ist ein hinreichend großer Imprintdruck erforderlich, so dass sich der Stempel in jedem Fall einige Nanometer durchbiegen wird. Beim Skim-Coating werden solche Unebenheiten ausgeglichen bzw. vorhandene Verunreinigungen beim Abziehen mit entfernt. Da aber hinter dem Rakel ein Meniskus von unvernetztem Polymer hergezogen wird, werden auch die Plateaus mit einer ganz dünnen Polymerschicht überzogen. Möglicherweise platzt diese sehr dünne Schicht beim Aushärten des Polymers auf. Die leichte Strukturänderung auf den Nanopunkten in Abb. 5.9 ist ein Anhaltspunkt dafür. Außerdem lagert sich offensichtlich bevorzugt Polymer an den Unebenheiten der Plateaus an und es bilden sich kleine Spitzen auf den Nanopunkten. Spätere Messungen haben aber gezeigt, dass diese sehr dünne Schicht keinen Einfluss auf die PFM-Messungen hat.

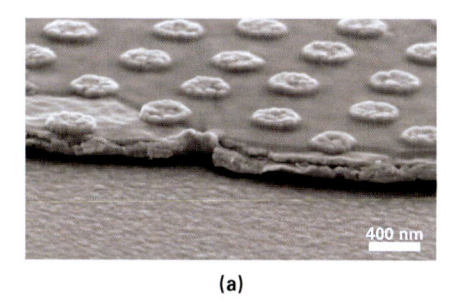

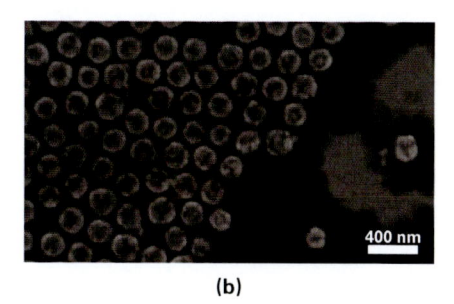

Abbildung 5.10.: Auffüllen der Zwischenräume zwischen PZT-Nanopunkten mithilfe von Imprint (a) und Skim-Coating (b).

Wenn die Haftung zwischen dem Füllpolymer und dem Substrat mit den Nanopunkten zu gering ist, kommt es beim Imprint zum Abheben der Isolationsschicht nach dem Aushärten, da sie am Stempel besser haftet als am Substrat. Um dies zu verhindern, müssen die Substrate gut gereinigt und bei Bedarf mit Niederdruck-Plasma oder einer Adhäsionsschicht vorbehandelt werden. Alternativ dazu kann auch der Stempel mit einer Anti-Haftschicht beschichtet werden. Bei unzureichender Haftung während des Skim-Coatings kann es zur Bildung von Tropfen während des Beschichtens oder des Aushärtens kommen.

Bei unebenen Substraten passt sich der flexible Rakel wesentlich besser der Oberfläche an und ermöglicht so auch die Beschichtung leicht unebener Substrate. Mit Imprint ist dies nicht möglich. Befindet sich an einer Ecke der Probe ein großes Partikel oder eine Unebenheit, so lässt sich dies nicht ausgleichen und es kommt zur Bedeckung der Nanostrukturen mit einer dicken Polymerschicht.

5.1.5. ZUSAMMENFASSUNG

Die Herstellung von Nanopunktarrays mit definiertem Abstand und definierter Größe ist mit der hier beschrieben Technologie der Nanokugellithografie in einem Top-Down-Ansatz einfach, schnell und kostengünstig möglich. Das Verfahren beruht auf der Bottom-Up-Selbstanordnung einer Monolage von Polystyrolkugeln zu einer hexagonal dicht gepackten Maske für Ätzprozesse. Die Polystyrol-Dispersionen werden durch Emulsionspolymerisation hergestellt. Als bestes Verfahren eignet sich die Selbstanordnung über einen Transferwafer an einer Luft–Wasser-Grenzschicht. Die Größe der einzelnen Maskenpartikel wird über Niederdruck-Plasmaätzen isotrop reduziert und im Anschluss durch Ionenstrahlätzen die Maskenstruktur in die PZT-Dünnschicht übertragen. Dieses Verfahren ermöglicht die Herstellung von Strukturen mit Durchmessern von unter 100 nm ohne großen technischen Aufwand.

Der Imprint von Polymer oder die Verwendung von Skim-Coating ermöglichen es, die Zwischenräume zwischen den Nanopunkten mit einem isolierenden Material aufzufüllen. Somit können die einzelnen Nanopunkte mithilfe einer Topelektrode zu kontaktierten Arrays verbunden werden, ohne dass es zu Kurzschlüssen zwischen der Top- und der Bodenelektrode kommt.

5.2. KALIBRIERUNG PIEZOKRAFT-MIKROSKOPIE

Die Messung der lokalen piezoelektrischen Amplitude und deren Auswirkung auf die Probe–Spitze-Wechselwirkungen wurden im Abschn. 4.4 theoretisch betrachtet. Durch das Messen eines ferroelektrischen Materials mit bekannten Eigenschaften werden Erkenntnisse zur Interpretation der Ergebnisse der späteren Messung gewonnen. Die beiden einkristallinen Lithiumniobatproben im y- (y-LNO) und z-Schnitt (z-LNO) wurden fest auf einem Probenhalter fixiert (Abb. 5.11a). Dabei ist die absolute Ausrichtung der beiden Proben unbekannt. Ihre relative Orientierung zueinander ändert sich jedoch während den Messungen nicht.

Die beiden Proben wurden jeweils mit einem harten (CDT-FMR) und einem weichen (CONT-Pt) Cantilever gemessen (Tabelle. 5.2). Um die Einflüsse der lateralen (In-Plane-) x- und y-Komponenten besser trennen zu können, erfolgte die Messung unter verschiedenen Winkeln. Dazu wurde der Probenhalter unter der AFM-Spitze um ganzzahlige Vielfache von 90° gedreht (Abb. 5.11a).

Tabelle 5.2.: Abmessungen und Eigenschaften der für die Kalibrierung verwendeten Cantilever.

Cantilever	T/μm	W/μm	L/μm	k/N·m^{-1}	f/kHz
CONT-Pt	2,0	55	444	0,2	14
CDT-FMR	2,9	27	225	2,3	74

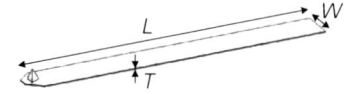

Da es sich um ein einkristallines Material ohne Domänen handelt, ist auf den Amplituden- und Phasenbildern, die aus den x- und y-Rohdaten des Lock-In-Verstärkers berechnet wurden, kein starker Kontrast erkennbar. Dennoch besitzt jedes aufgenommene Bild eine mittlere Amplitude, die von der Anregungsspannung und der relativen Ausrichtung des Cantilevers zur Probe anhängig ist. Die gemittelten Werte der Amplitude, sowohl für die laterale als auch für die normale Richtung, können direkt miteinander verglichen werden, da die mechanische Vorspannung (Setpoint) des Cantilevers für alle Messungen konstant gewählt wurde. In Abb. 5.11 sind die gemittelten Amplitudenwerte grafisch dargestellt. Dabei ist der jeweilige normale Wert (Ordinatenachse) in Abhängigkeit vom zugehörigen lateralen Wert (Abszissenachse) aufgetragen.

Abbildung 5.11b zeigt die Messwerte für einen weichen Cantilever auf den Positionen 1 bis 3 (0°, 90°, 180°) für das y-LNO und das z-LNO. Werden nur die Ergebnisse der Messungen auf dem z-LNO (△) betrachtet, liegen sämtliche lateralen Werte in einem sehr eng begrenzten Bereich, was bedeutet, dass für alle drei gemessenen Richtungen die gleiche laterale Auslenkung auftritt und somit die In-Plane-Amplitude konstant ist. Dies deckt sich mit dem erwarteten Verhalten, da in z-LNO in den beiden In-Plane-Richtungen x und y der piezoelektrische Koeffizient gleich groß ist (d_{31}). Die mittlere Amplitude der normalen Richtung ist nicht konstant, sondern zeigt eine größere Streuung bzw. Abhängigkeit von der Messposition. Mit großer Wahrscheinlichkeit beeinflusst die laterale Bewegung des Cantilevers in Richtung der Cantileverachse die Messergebnisse zusätzlich. Es kommt so zu einer nicht reproduzierbaren Ausbeulung des Cantilevers.

Werden die Ergebnisse der Messungen auf dem y-LNO betrachtet (◯), zeigen sich auf den Positionen 1 und 3 (0°, 180°) näherungsweise gleich große laterale Amplituden. Dieses Verhalten ist zu erwarten, da sich bei einer Drehung um 180° lediglich die Richtung der lokalen piezoelektrischen Amplitude umkehrt, ihr Betrag jedoch gleich bleibt. Aber auch hier ist eine deutliche Streuung der normalen Amplitude zu erkennen, was auf das Ausbeulen zurückzuführen ist.

Wird ein harter Cantilever verwendet, lässt sich dieser nicht mehr so einfach verformen, so dass das Ausbeulen stark reduziert wird (Abb. 5.11c). Die Messwerte der normalen Amplitude besitzen sowohl für z-LNO (△) als auch für y-LNO (◯) jeweils eine geringe Streuung. Es ist praktisch keine Abhängigkeit von der Probenposition erkennbar, so dass von einer reinen d_{33}- bzw. d_{22}-Messung ausgegangen werden kann. Die lateralen Amplitudenwerte für y-LNO (◯) schwanken aufgrund der verschieden großen piezoelektrischen Koeffizienten in den In-Plane-Richtungen x und y. Die Werte der um 180° gedrehten Positionen (2 und 4) sind erneut näherungsweise gleich groß. Für z-LNO (△) ist die Streuung der lateralen Messwerte sehr gering, da die lokale piezoelektrische Antwort invariant gegenüber der Drehung ist.

Eine absolute Bestimmung der piezoelektrischen Koeffizienten aus den Messwerten ist aber nicht ohne Einschränkung möglich. Durch die Aufzeichnung der Messwerte mit einem Lock-In-Verstärker ist im Signal lediglich das dynamische Schwingungssignal enthalten. Dennoch

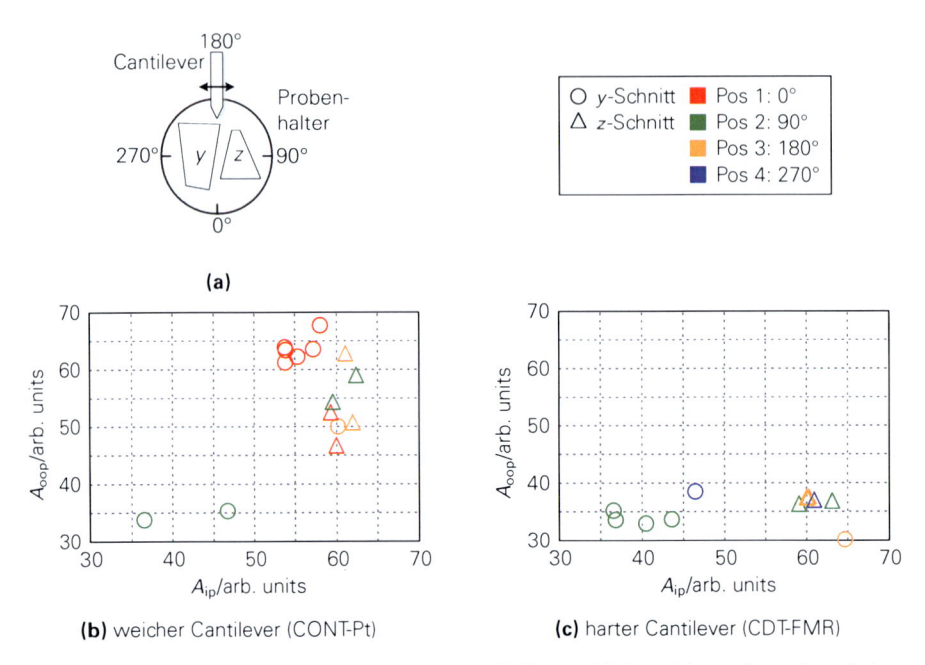

Abbildung 5.11.: Messergebnisse der Kalibrierung mithilfe von Lithiumniobatproben, die auf einem Probenhalter (a) fixiert sind. Ergebnisse für einen weichen CONT-Pt- (b) und einen harten CDT-FMR- (c) Cantilever.

kann es durch die lokale Anregung eines geklemmten Gebiets zu starken Änderungen der piezoelektrischen Koeffizienten gegenüber denen des Volumenmaterials kommen. Deutlich wird dies beispielsweise beim Vergleich der Messwerte der normalen Richtung für einen harten Cantilever (Abb. 5.11c). Für y-LNO ist der piezoelektrische Koeffizient $d_{33} \approx 0{,}6 \cdot 10^{-11}$ C/N für die Verschiebung verantwortlich. Für die Messungen auf z-LNO ist es der Koeffizient $d_{22} \approx 2{,}1 \cdot 10^{-11}$ C/N. Die Amplitude der Verschiebung senkrecht zur Oberfläche müsste bei z-LNO also wesentlich größer sein als bei y-LNO.

5.3. EINFLUSS DER STRUKTURIERUNG AUF DIE DOMÄNENSTRUKTUR

Die PFM-Messungen mit harten Cantilevern (CDT-FMR und N1A-TiN) haben einen sehr deutlichen Kontrast zwischen den einzelnen Domänen der In-Plane- und Out-of-Plane-Richtung ergeben. Abbildung 5.12 zeigt die Topografie, das In-Plane-Amplitudenbild und das Phasenbild einer geschlossenen unstrukturierten PZT-Dünnschicht. Unstrukturierte PZT-Schichten besitzen mittlere Korngrößen zwischen 50 und 100 nm und zeigen die typischen Streifendomänen (Abb. 5.12; weiße Linie) [307]. In (111)-texturierten PZT-Dünnschichten liegen keine polaren Vektoren direkt in der Ebene und die Verringerung der inneren mechanischen Spannungen durch die Ausbildung von In-Plane-Domänen (Abschn. 2.1.3) ist nicht möglich [308]. Die Abmessungen der Nanopunkte entsprechen der Größe von Körnern in unstrukturierten PZT-Schichten. Um die durch das Depolarisationsfeld verursachten mechanischen In-Plane-Spannungen zu reduzieren, müssen Nanopunkte in kleinere Körner aufgespalten werden.

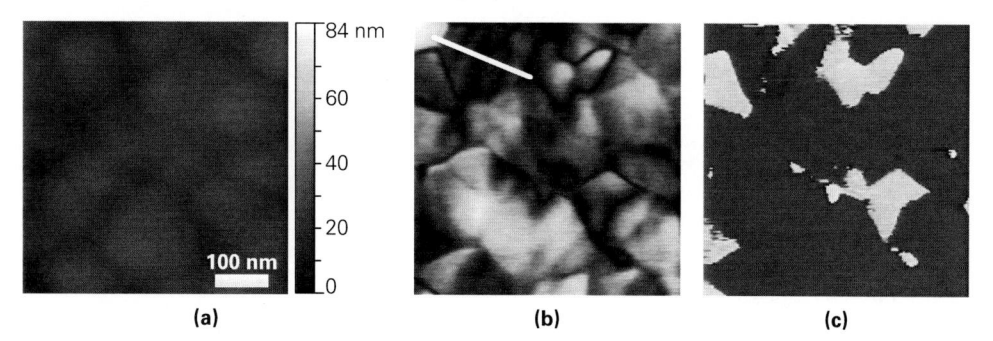

(a) (b) (c)

Abbildung 5.12.: PFM-Messung einer geschlossen PZT-Dünnschicht: (a) Topografiebild, (b) In-Plane-Amplitudenbild und (c) In-Plane-Phasenbild. Entlang der weißen Linie in (b) ist das typische Streifendomänenmuster für PZT-Dünnschichten zu erkennen.

5.3.1. EINFLUSS DER STRUKTURHÖHEN

Der Vergleich von unstrukturierten und strukturierten Schichten mit einem kleinen Aspektverhältnis (Abb. 5.13a–c) verdeutlicht, dass sie ein grundsätzlich anderes Verhalten als unstrukturierte Schichten zeigen. Die scharf begrenzten Domänen verschwimmen und bilden blasenförmige Formationen, die sich auch in der Topografie wiederfinden. Mit steigendem Aspektverhältnis (Abb. 5.13d–f) wird der Unterschied zwischen der PZT-Restschicht und den Nanostrukturen immer deutlicher. Dieser Effekt ist in Versuchen mit festem Nanopunktdurchmesser und unterschiedlichen Strukturhöhen wesentlich stärker ausgeprägt als bei Versuchen mit konstanter Strukturhöhe und variiertem Durchmesser (vgl. Anhang B). Aber auch im letzteren Fall ist eine Umordnung der Korngrenzen und Domänen zu beobachten.

Die lokale piezoelektrische Antwort der Restschicht ist stärker geklemmt und besitzt im Vergleich zu Nanopunkten eine zufällige Ausrichtung. Die Nanopunkte zeigen dagegen eine erhöhte piezoelektrische Antwort (Abschn. 5.4) und besitzen offensichtlich eine zweiteilige Symmetrie, wenn die In-Plane- und Out-of-Plane-Ergebnisse getrennt voneinander betrachtet werden (Abb. 5.13).

Die Grenzen der Nanopunkte sind aus dem Topografiebild abgeleitet und in den Amplituden- und Phasenbildern zusätzlich weiß eingezeichnet. Daraus ist ersichtlich, dass die Größe der Nanopunkte in den Amplituden- und Phasenbildern im Vergleich zum eigentlichen Topografiebild etwas vergrößert erscheint. Ursache ist die Wechselwirkung zwischen der Flanke der Messspitze und der Kante der Strukturen (Abschn. 4.4.2). Eine genauere Betrachtung der Topografie der Nanopunkte zeigt, dass sich auf der Oberfläche Körner ausbilden (Abb. 5.13; durch weiße Pfeile gekennzeichnet). Die meisten Nanopunkte zeigen eine der folgenden Anordnungen der Körner:

1. zwei Körner halbieren den Nanopunkt,

2. drei Körner teilen den Nanopunkt in Drittel oder

3. mehrere Körner umgeben ein zentrales Korn.

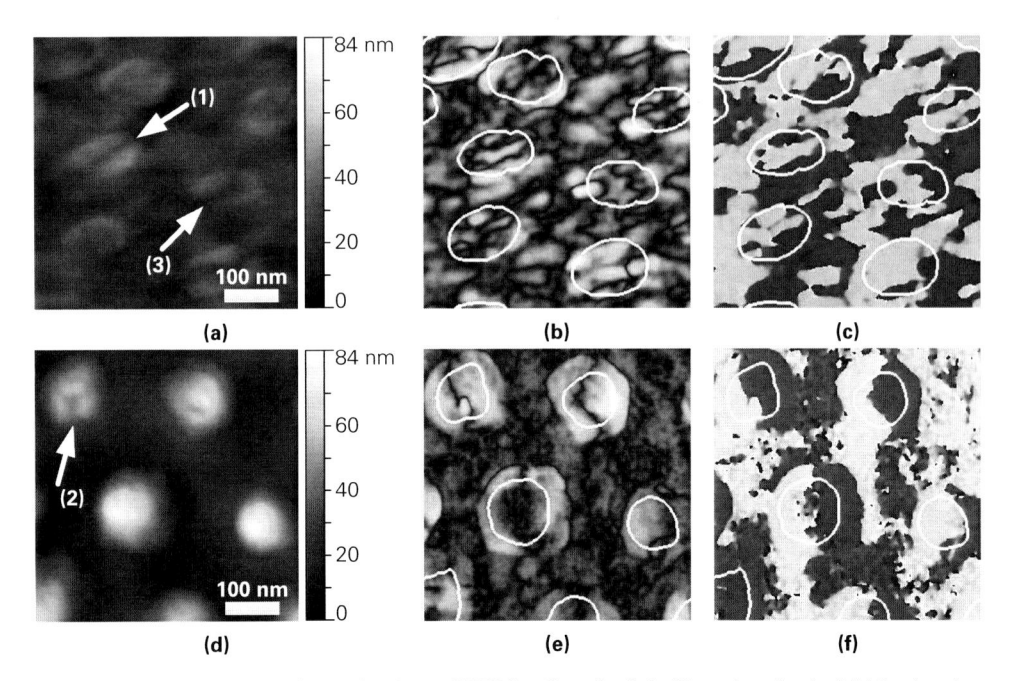

Abbildung 5.13.: Topografie strukturierter PZT-Dünnfilme (a,d): In-Plane-Amplitudenbild (b,e) und In-Plane-Phasenbild (c,f). (a–c) mit niedrigem Aspektverhältnis ($h \approx 20$ nm) und (d–f) mit hohem Aspektverhältnis ($h \approx 80$ nm). Die weißen Umrandungen markieren die aus der Topografie abgeleiteten Grenzen der Nanopunkte. Die weißen Pfeile kennzeichnen die besonderen Anordnungen der Körner: (1) zwei Körner halbieren den Nanopunkt, (2) drei Körner teilen den Nanopunkt in Drittel oder (3) mehrere Körner umgeben ein zentrales Korn.

In strukturierten Schichten mit einem kleinen Aspektverhältnis bilden sich Domänen, die mit den Korngrenzen übereinstimmen (Abb. 5.13b,c). Im Gegensatz dazu bilden die Strukturen mit großem Aspektverhältnis eine geordnetere Domänenformation (Abb. 5.13e,f). Dies beweist, dass die Nanostrukturierung die Bildung und Anordnung von ferroelektrischen Domänen und somit die lokale Polarisation beeinflusst. Es bildet sich eine Vorzugsrichtung der spontanen Polarisation der PZT-Schichten aus, welche mit steigendem Aspektverhältnis zu einer Abnahme der Klemmung und somit zu einem Anstieg der lokalen piezoelektrischen Aktivität führt.

Die PZT-Restschicht, welche nach dem letzten Ätzschritt eine Dicke von weniger als 20 nm besitzt, ist immer noch piezoelektrisch. Ebenso wie die Nanopunkte zeigt die PZT-Restschicht einen leichten Anstieg in der lokalen piezoelektrischen Antwort, was vermutlich durch eine Neuanordnung der Domänen in der Schicht verursacht wird. Diese Neuanordnung kann auch durch den Ionenbeschuss während des Ionenstrahlätzens erfolgt sein. Da sich aber in der Restschicht ähnliche Domänenformationen wie auf den von einer Maske bedeckten Nanopunkten zeigen, kann vermutet werden, dass die Ionen nur einen geringen Einfluss auf die entstehenden Domänen haben. Außerdem zeigt sich, dass mit kleiner werdender Restschichtdicke auch die durchschnittliche Domänengröße der Restschicht ansteigt (Abb. 5.13b,e).

5.3.2. EINFLUSS DER STRUKTURDURCHMESSER

Im Vergleich zur Versuchsreihe von Abschn. 5.3.1 sind die lateralen Abmessungen der Nanostrukturen mit niedrigem Aspektverhältnis und einer fixen Höhe von ca. 80 nm wesentlich größer. Dadurch wird der Einfluss der Strukturkanten auf die PFM-Messung reduziert. Ein Nanopunktarray mit einem Aspektverhältnis von 1 : 3 zeigt eine zufällige Anordnung kleiner blasenförmiger Domänen sowohl im In-Plane- als auch im Out-of-Plane-Amplitudenbild (Abb. 5.14a,b). Wenn die lateralen Abmessungen weiter reduziert werden, zeigen Strukturen mit einem Aspektverhältnis von mehr als 1 : 2 ähnliche Formationen (Abb. 5.14c,d) wie die Proben mit hohem Aspektverhältnis der Versuchsreihe von Abschn. 5.3.1. Ebenso wie dort kommt es auch hier zu einer Neuanordnung der Domänen. Ein Großteil der Nanopunkte besitzt dann eine Zweiteilung, wenn die In-Plane- und Out-of-Plane-Bilder getrennt voneinander betrachtet werden.

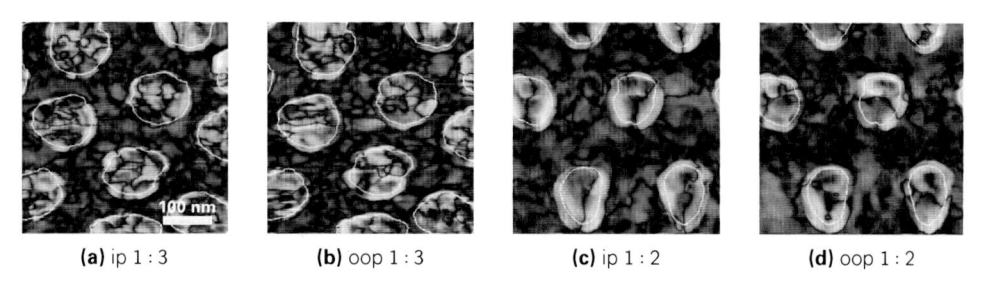

(a) ip 1 : 3 **(b)** oop 1 : 3 **(c)** ip 1 : 2 **(d)** oop 1 : 2

Abbildung 5.14.: Amplitudenbilder von Nanopunktarrays: (a,c) in Plane (ip) und (b,d) out of Plane (oop); mit konstanter Höhe $h \approx 80$ nm und einem Aspektverhältnis von (a,b) 1 : 3 und (c,d) 1 : 2.

5.3.3. VORTEXDOMÄNEN

Die getrennte Betrachtung der In-Plane- und Out-of-Plane-Amplitudenbilder gibt jeweils nur eine eindimensionale Information zur Lage des eigentlichen lokalen Polarisationsvektors. Durch die Kombination der beiden gemessenen Richtungen kann ein zweidimensionaler Eindruck gewonnen werden (vgl. Abschn. 4.4.5c).

Vier verschiedene Nanopunkte (Abb. 5.15) wurden ausgewählt, für die aus den In-Plane- und Out-of-Plane-PFM-Bildern jeweils die Lage des Polarisationsvektors in der x-z-Ebene berechnet wurden. Diese Lage ist in Abb. 5.15b–e dargestellt. Die Begrenzungen der Nanopunkte sind aus dem Topografiebild (Abb. 5.15a) abgeleitet und als weiße Umrandungen eingezeichnet. Ein Winkel von 0° bedeutet dabei, dass der Polarisationsvektor entlang der positiven x-Achse liegt. Dennoch ist dieser Wert nur ein Bezugswert, welcher durch eine Phasenverschiebung beliebig angepasst werden kann.

Bei allen vier Nanopunkten zeigt sich ein Zentrum, um welches sich der 2D-Polarisationsvektor dreht. Ein Umlauf entspricht einer kontinuierlichen Änderung, wobei es Bereiche mit schneller Änderung und andere mit beinahe konstanter Richtung der 2D-Polarisationsvektoren gibt. Bei (111)-texturierten PZT-Filmen liegen die Polarisationsvektoren immer schräg zur Oberfläche und die möglichen Richtungen spannen einen Tetraeder auf (vgl. Abschn. 2.1.3). Daraus folgt, dass sich aus den drei möglichen Richtungen eine dreizählige Symmetrie ergeben muss. Für die Nanopunkte (b), (c) und (e) (Abb. 5.15) trifft dies offensichtlich zu. Sie bestehen aus drei Bereichen, die näherungsweise 120° voneinander getrennt sind. Die Übergänge zwischen diesen Bereichen erfolgen offensichtlich nicht durch eine scharfe Domänenwand, sondern durch eine

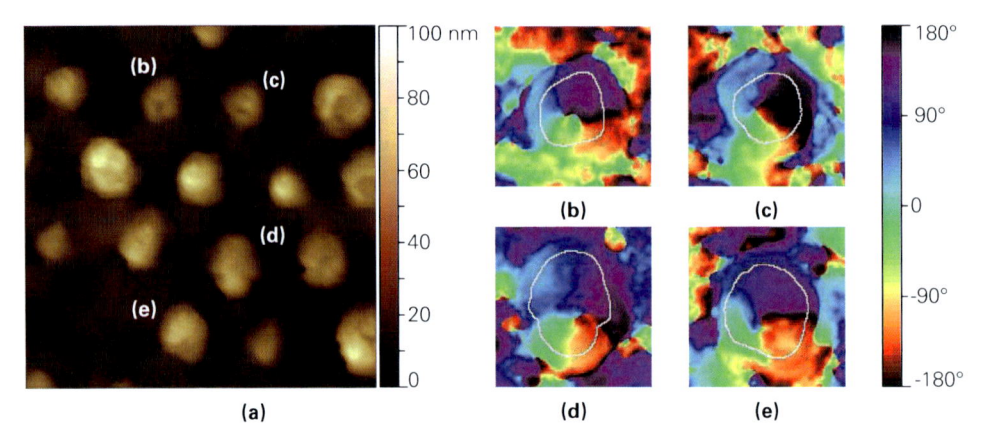

Abbildung 5.15.: Nanopunktarray ($d \approx 100$ nm, $h \approx 80$ nm): (a) Topografie und (b–e) die aus den Amplituden- und Phasenbildern berechneten 2D-Richtungsbilder der lokalen Polarisation.

kontinuierliche Drehung des lokalen Polarisationsvektors. Der Nanopunkt (d) (Abb. 5.15) besitzt eine vierzählige Symmetrie. Es existieren also vier verschiedene Bereiche, die durch einen 90°-Phasensprung voneinander getrennt sind. Dies spricht dafür, dass dieser Nanopunkt nicht (111)-texturiert ist, sondern eine (001)-Textur besitzt, welche ebenfalls in den verwendeten PZT-Dünnschichten vorhanden ist (vgl. Abschn. 4.2.3; S. 55).

Kleine runde Strukturen mit einem großen Aspektverhältnis besitzen also lokale Polarisationsvektoren, die um das Zentrum der Nanopunkte rotieren. Diese Aussage ist zwar nur aus zweidimensionalen PFM-Messungen abgeleitet, doch die dritte Richtung, welche ebenfalls in der Ebene liegt, sollte sich aus Symmetriegründen ebenso verhalten (vgl. piezoelektrischer Tensor Glg. (2.16); S. 19). Außerdem konnte bei Messungen aus verschiedenen Richtungen kein signifikanter Unterschied in den abgebildeten Domänenstrukturen festgestellt werden.

5.4. ANSTIEG DER AMPLITUDE DER PIEZOELEKTRISCHEN ANTWORT

Die Veränderung der Domänenstruktur auf den Nanopunkten mit verändertem Aspektverhältnis wird neben den in Abschn. 5.3 gezeigten Einflüssen von einer Veränderung der lokalen piezoelektrischen Amplitude begleitet. Qualitativ ist dieser Unterschied in den Amplitudenbildern in Abb. 5.13 zu erkennen.

Für eine quantitative Auswertung wurde über die Werte der In-Plane- und Out-of-Plane-Amplitudenbilder mit einer Größe von 1×1 µm² gemittelt, was einer Auswertung von ca. 20 Nanopunkten entspricht. Hierzu wurden die Amplitudenbilder in zwei verschiedene Bereiche unterteilt. Der erste Bereich beinhaltet die Plateaus der Nanopunkte und der andere Bereich beinhaltet die umgebende Restschicht. Da die Nanopunkte im Amplitudenbild aufgrund der Spitze–Flanke-Wechselwirkung leicht vergrößert erscheinen, wurde der Auswertungsbereich entsprechend angepasst und für jeden der zwei Bereiche die gemittelte Amplitude separat bestimmt. Die statistische Betrachtung der Messwerte zeigt, dass die Standardabweichung der Mittlung relativ hoch ist. Dies ist in erster Linie der sehr sensitiven Messmethode, die stark durch die Regelung des AFMs beeinflusst wird, geschuldet. Stark strukturierte Proben stellen besondere Anforderungen an die Regelung des AFMs, um eine schnelle und genaue Kompensation der Topografie sicherzustellen. Eine ungenaue oder zu langsame Kompensation der Topografie führt dabei zu Abweichungen im Messsignal der lokalen piezoelektrischen Aktivität. Ein weiterer wichtiger Faktor der die statistische Auswertung verfälscht, ist die Einbeziehung der Domänengrenzen in die Auswertung. Die Amplitude ist an dieser Stelle Null und geht durch die begrenzte Auflösung der Messung (Abschn. 4.4.3) vergrößert in die Auswertung ein.

5.4.1. EINFLUSS DER STRUKTURHÖHEN

Abbildung 5.16 zeigt die gemittelte lokale piezoelektrische Amplitude von strukturierten Proben mit unterschiedlichen Aspektverhältnissen zwischen 1:5 und 1:1, die durch die Anpassung der Zeit des Ionenstrahlätzens t_{IBE} erreicht wurden.

Die Betrachtung des Amplitudenverlaufs der lokalen piezoelektrischen Antwort auf den Nanopunkten zeigt einen Anstieg mit steigendem Aspektverhältnis sowohl für die In-Plane- als auch die Out-of-Plane-Messung. Dies wird vermutlich durch die Ausbildung einer Vorzugsrichtung der spontanen Polarisation begünstigt, die ebenfalls zur Ausbildung einer Vorzugsrichtung der lokalen piezoelektrischen Antwort führt. Die veränderten Randbedingungen der freistehenden Nanopunkte führen zur Reduktion der Klemmung in lateraler Richtung, so dass eine freie Vibration der Domänen der Nanopunkte in lateraler und normaler Richtung möglich ist. Die Nanopunkte sind nur noch mit der darunterliegenden Restschicht verbunden. Im letzten Ätzschritt (Ätzzeit t_{IBE} = 15 min) war die Nanokugelmaske schon verbraucht, so dass keine weitere Erhöhung des Aspektverhältnisses mehr eintrat (Abb. 5.16).

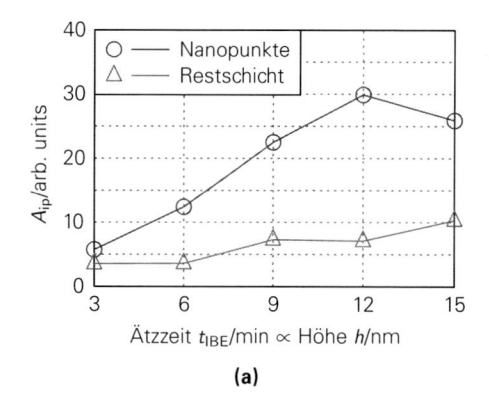

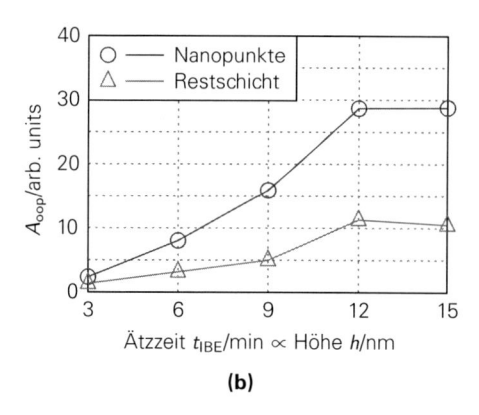

Abbildung 5.16.: Lokale piezoelektrische Antwort der strukturierten PZT-Schicht in Abhängigkeit der Strukturhöhe h: (a) In-Plane- und (b) Out-of-Plane-Messwerte gemittelt über eine Fläche von 1 × 1 μm. Für die Auswertung wurde zwischen der gemessenen Antwort auf den Plateaus der Nanopunkte (Durchmesser $d \approx 100$ nm, Höhe h = 20...80 nm) und der umgebenden Restschicht unterschieden.

Trotzdem liefern die PFM-Bilder keine eindeutige Aussage über die absolute Richtung und Amplitude des lokalen Polarisationsvektors. Dafür wäre neben einem gut kalibriertem Gerät, die genauen Kenntnisse der lokalen piezoelektrischen Koeffizienten und mindestens zwei verschiedene Messungen an ein und derselben Stelle mit einer 90°-Drehung nötig [299]. Die Drehung erlaubte die Trennung der beiden verschiedenen In-Plane-Richtungen und ermöglichte so eine echte 3D-Interpretation. Ohne diese Trennung ist das In-Plane-Signal eine Mischung der beiden Richtungen. Trotzdem nimmt die Auslenkung dieser beiden überlagerten Signale erheblich zu, was auf einen generellen Anstieg der In-Plane-Komponente der lokalen piezoelektrischen Amplitude unabhängig von der exakten Richtung schließen lässt.

5.4.2. EINFLUSS DES STRUKTURDURCHMESSERS

Die Betrachtung der mittleren piezoelektrischen Antwort bestätigt die Annahme, dass eine Neuorientierung der Domänen selbst in größeren Strukturen erfolgt. Abbildung 5.17 zeigt die mittlere piezoelektrische Antwort für Strukturen mit unterschiedlichem Durchmesser d, der durch die RIE-Ätzzeit t_{RIE} der Nanokugelmaske eingestellt wurde. Es wird erneut zwischen der piezoelektrischen Antwort auf den Plateaus der Nanopunkte und der Antwort der Restschicht unterschieden. Sinkt der Durchmesser der Nanopunkte, steigt die mittlere piezoelektrische Amplitude auf den Nanopunkten an (Abb. 5.17). Dieser Effekt ist nicht so stark ausgeprägt wie in der Versuchsreihe mit veränderlicher Strukturhöhe (Abschn. 5.4.1), was auf das größere Volumen-zu-Oberflächen-Verhältnis zurückzuführen ist.

Stattdessen ist kein Anstieg der mittleren piezoelektrischen Amplitude der Restschicht zu beobachten, da deren Dicke hier bei allen Proben näherungsweise konstant ist.

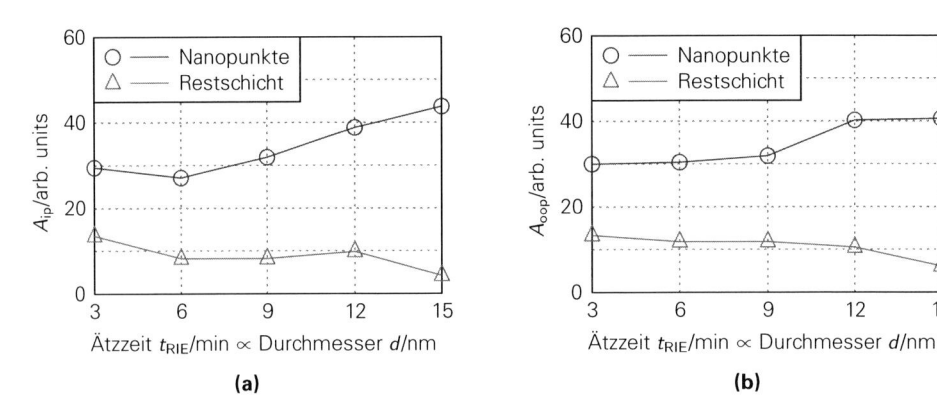

Abbildung 5.17.: Lokale piezoelektrische Antwort der strukturierten PZT-Schicht in Abhängigkeit des Strukturdurchmessers d: (a) In-Plane- und (b) Out-of-Plane-Messwerte gemittelt über eine Fläche von 1×1 µm. Für die Auswertung wurde zwischen der gemessenen Antwort auf den Plateaus der Nanopunkten (Durchmesser $d = 100\ldots350$ nm, Höhe $h \approx 80$ nm) und der umgebenden Restschicht unterschieden.

5.5. HYSTERESEMESSUNGEN

Abbildung 5.18 zeigt die gemessenen Hysteresen eines PZT-Nanopunkts und der umgebenden Restschicht. Die Messungen erfolgten auf einem Nanopunkt mit einem relativ geringen Aspektverhältnis $1 : 5$ ($d \approx 400$ nm; $h \approx 80$ nm). Die Restschicht besitzt eine Dicke von ca. 40 nm. Die Schaltspannung der Restschicht kann direkt aus dem Verlauf der Phase (Abb. 5.18b) abgelesen werden und beträgt $-0{,}9$ V und $+1{,}6$ V. Diese Schaltspannungen sind wesentlich geringer als die des relativ großen Nanopunkts ($-1{,}7$ V und $+3{,}0$ V). Wie im vorausgegangenen Kapitel schon festgestellt wurde, hat die Strukturierung ab einem Aspektverhältnis von $1 : 3$ eine sichtbare Auswirkung auf die Domänenformation und die piezoelektrische Antwort. Der hier untersuchte

Nanopunkt ist aber lateral wesentlich größer und verhält sich deshalb in erster Näherung wie eine unstrukturierte PZT-Dünnschicht.

Aus der bekannten Dicke t der Schicht, der Höhe h der Nanostrukturen und der mittleren Schaltspannung lässt sich die Koerzitivfeldstärke für den Nanopunkt $E_c(\mathbf{Punkt}) \approx 195\,\text{kV/cm}$ und für die Restschicht $E_c(\mathbf{Rest}) \approx 310\,\text{kV/cm}$ berechnen. Der Vergleich mit Literaturwerten zeigt eine gute Übereinstimmung (Abb. 5.18c). In [309] wurden dünne PZT-Schichten unterschiedlicher Dicke bis hinunter zu 8 nm auf ihre Koerzitivfeldstärken untersucht. Die Ergebnisse sind in Abb. 5.18c zur besseren Übersicht in Abhängigkeit der inversen Dicke t^{-1} dargestellt. Die dünnsten Schichten erreichten dabei eine Koerzitivfeldstärke von bis zu 1200 kV/cm.

Der Vergleich von Nanopunkten mit unterschiedlichem Aspektverhältnis (Abb. 5.19) zeigt beim Vergleich der In-Plane- und Out-of-Plane-Hysteresen, dass sich die Hysteresen auf Strukturen mit hohem Aspektverhältnis nicht mehr deutlich messen lassen. Ganz besonders für die In-Plane-Hysterese ist dies ersichtlich (Abb. 5.19e,f). Während für die großen Nanopunkte noch ein scharfes Schalten vorhanden ist, zeigt der kleine Nanopunkte in Plane keine echte Hysterese. Die Ursache kann dabei sowohl die Messtechnik als auch die Umordnung der Domänen sein (vgl. Abschn. 5.3).

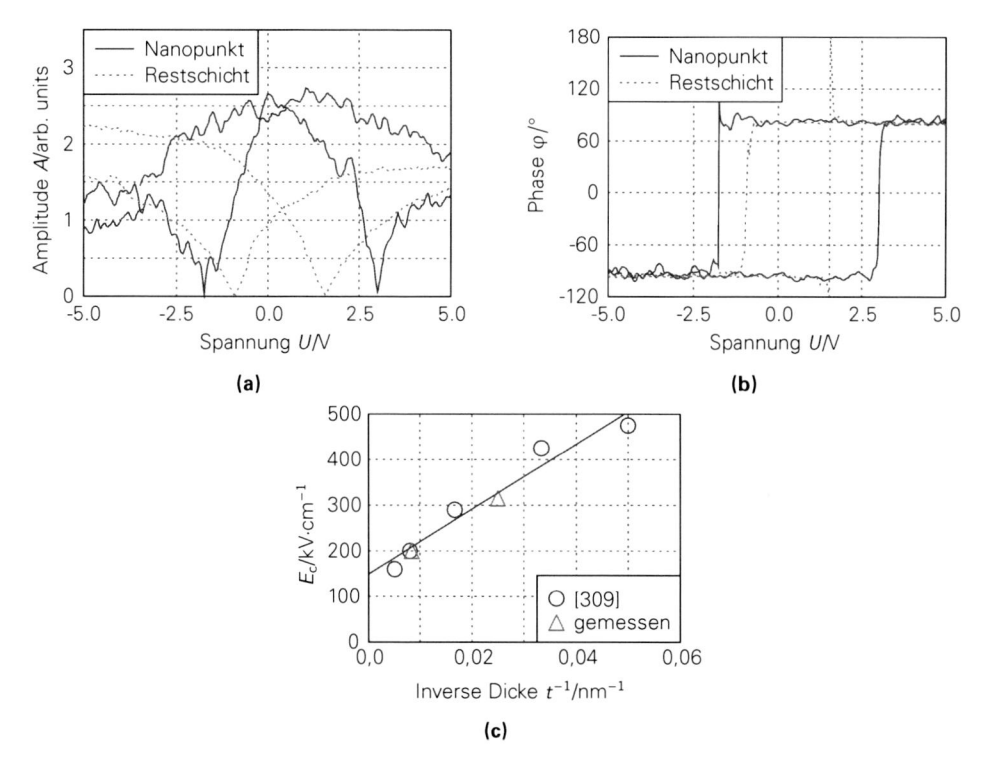

Abbildung 5.18.: Hysterese eines PZT-Nanopunkts (Höhe $h \approx 80\,\text{nm}$) und der umgebenden Restschicht (Dicke $t \approx 40\,\text{nm}$): gemessenes Out-of-Plane-Amplitudensignal (a) und -Phasensignal (b). (c) Koerzitivfeldstärke E_c in Abhängigkeit der inversen Schichtdicke t^{-1} der gemessenen Werte und Literaturwerte.

Da sich dieses Verhalten in mehreren Experimenten an verschiedenen Stellen reproduzieren ließ, soll im Folgenden nur der mögliche Einfluss durch die Umordnung der Domänen diskutiert werden. Bildet sich wie in Abschn. 5.3 geschlussfolgert eine drehende Polarisation um das Zentrum des Nanopunkts aus, so kann vermutet werden, dass die In-Plane-Komponente der Polarisation ebenfalls um das Zentrum rotiert und vom Zentrum weg gerichtet ist (Abb. 5.20a). Ein lokales In-Plane-Schalten würde dazu führen, dass ein Teil plötzlich in Richtung des Zentrums zeigt (Abb. 5.20b). Um die Symmetrie entsprechend beizubehalten, müssten die anderen beiden Bereiche auch Schalten. Mit großer Wahrscheinlichkeit ist dieser Vorgang energetisch nicht vorteilhaft oder durch die kontinuierliche Änderung der In-Plane-Richtung der Polarisation sogar ganz ausgeschlossen.

Wird die Out-of-Plane-Richtung betrachtet, ist ein Schalten in den kleinen Nanopunkten ebenso möglich wie in den großen (Abb. 5.19b). Die positive Schaltspannung ist etwas reduziert und der Schaltvorgang ist nicht ganz so scharf im Vergleich zu den Nanopunkten mit niedrigem Aspektverhältnis. Dies liegt höchst wahrscheinlich an der reduzierten Klemmung des Nanopunkts. Abbildung 5.20c zeigt schematisch einen Schnitt durch den Nanopunkt und einen möglichen Polarisationsvektor. Wird dieser nun in der Out-of-Plane-Richtung geschaltet wechselt er seine z-Richtung (Abb. 5.20d).

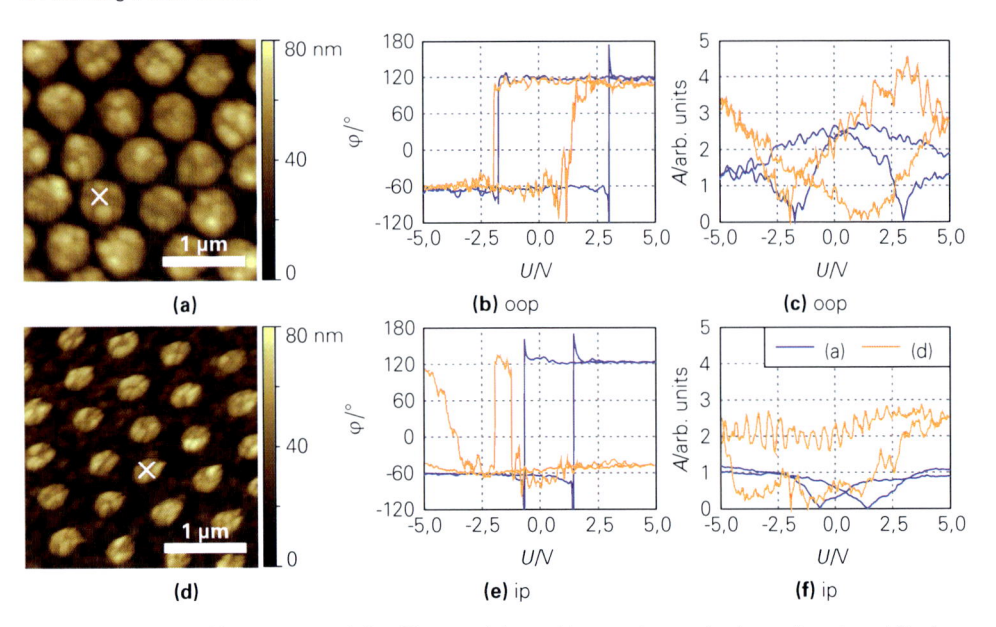

Abbildung 5.19.: Hysteresen auf den Plateaus (×) von Nanopunkten mit einem Aspektverhältnis von (a) 1 : 5 und (d) 1 : 2: Amplitude A (d,f) und Phase φ (b,e) wurden jeweils für die Out-of-Plane- (b,c) und In-Plane-Richtung (e,f) ausgewertet.

Werden die Hysteresekurven der Amplituden für Nanopunkte mit unterschiedlichem Aspektverhältnis verglichen, ist ersichtlich, dass sie für kleine Nanopunkte mit hohem Aspektverhältnis höhere Maximalwerte für die Amplitude ergeben, auch wenn die Messwerte wesentlich stärker durch Störungen beeinflusst sind (Abb. 5.19d,f). Diese Beobachtung bestätigt die Ergebnisse der PFM-Messungen aus Abschn. 5.4, bei denen eine steigende mittlere Amplitude der piezoelektrischen Antwort mit steigendem Aspektverhältnis festgestellt wurde.

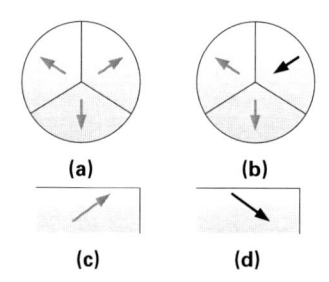

Abbildung 5.20.: Schematische Darstellung der Schaltvorgänge für die In-Plane- (a,b) und Out-of-Plane-Richtung (c,d) in Nanopunkten.

5.6. KONTAKTIERTE NANOPUNKTARRAYS

Um zu prüfen, ob der Anstieg der piezoelektrischen Amplitude infolge der Strukturierung auch in kontaktierten Nanopunktarrays nachweisbar ist, wurden die Zwischenräume zwischen den Nanopunkten mit einem Polymer aufgefüllt (Abschn. 5.1.4) und eine Elektrode aufgedampft.

Der Einfluss lokal aufgedampfter Elektroden auf die piezoelektrische Antwort wurde mit PFM untersucht. Abbildung 5.21a–c zeigt die Topografie, Out-of-Plane- und In-Plane-Amplitudenbilder einer unstrukturierten PZT-Schicht mit einer Dicke von ca. 120 nm, die teilweise mit einer Ni/Cr-Elektrode bedampft wurde. Es zeigt sich sehr deutlich, dass die lokalen Schwingungen, die durch die piezoelektrische Antwort verursacht werden, sowohl für die In-Plane- als auch für die Out-of-Plane-Richtung beschränkt wird. Während die Körner der unbedampften PZT-Schicht Bereiche mit sehr hoher lokalen piezoelektrischen Antwort (helle Bereiche) und Bereiche mit niedriger bzw. keiner Antwort (dunkle Bereiche) bilden, ist der PFM-Kontrast der bedampften Schicht sehr gering (Abb. 5.21b,c). Die Domänen bzw. Körner sind zwar noch sichtbar, aber die Antwort ist für beide Messrichtungen stark begrenzt. Dies ist einerseits auf einen zusätzlichen Klemmungseffekt der aufgedampften Topelektrode und andererseits auf die Veränderung des sonst sehr lokalen Anregungsfeldes der PFM-Messung durch die leitfähige Elektrode zurückzuführen. Dabei ergibt sich eine großflächigere gleichmäßige Anregung mit reduzierter Amplitude. Dies führt dazu, dass beim Anlegen der Wechselspannung an die Spitze nicht mehr nur lokal unter der Spitze angeregt wird, sondern auch eine Vielzahl der umliegenden Körner des polykristallinen Films auf die Anregung reagieren. Benachbarte Körner, welche normalerweise entgegengesetzte Phasen besitzen, können nicht mehr phasenverschoben vibrieren, da sie durch die Topelektrode verbunden sind.

Auf dieselbe Art und Weise wurden nanostrukturierte Schichten untersucht. Abbildung 5.21d–f zeigt die Topografie sowie Out-of-Plane- und In-Plane-Amplitudenbilder einer strukturierten PZT-Schicht. Die Nanopunkte haben einen Durchmesser $d \approx 300$ nm und eine Höhe $h \approx 80$ nm. Durch die Nanostrukturierung ergibt sich eine höhere Oberflächenrauheit der Probe. Die regelmäßige Anordnung der Nanopunkte lässt sich sowohl im Topografie- als auch im Amplitudenbild noch erkennen. Interessanterweise limitiert das Aufdampfen der Topelektrode die piezoelektrische Antwort nicht in beiden gemessenen Richtungen. Für die Out-of-Plane-Richtung stimmen die gemittelte Amplitude des Bereichs der Probe, der mit einer Elektrode bedampft ist (Abb. 5.21e; dunkler Bereich, unten rechts), und des Bereichs ohne Elektrode näherungsweise überein. Dem entgegen zeigt sich im Vergleich der In-Plane-Amplitude von kontaktiertem und nicht kontaktiertem Bereich ein Anstieg der mittleren Amplitude. Die höhere

Abbildung 5.21.: (a–c) Unstrukturierte PZT-Dünnschicht mit aufgedampfter Ni/Cr-Elektrode in der oberen rechten Ecke und (d–f) nanostrukturierte PZT-Dünnschicht ($d \approx 300$ nm, $h \approx 80$ nm) mit aufgefüllten Zwischenräumen und aufgedampfter Ni/Cr-Elektrode im unteren rechten Bereich: (a,d) Topografie, (b,e) Out-of-Plane- und (c,f) In-Plane-Amplitudenbild.

lokale piezoelektrische Antwort ist in Abb. 5.21f an der helleren Farbe des Elektrodenbereichs erkennbar (unten rechts).

Die Oberfläche der einzelnen Nanopunkte ist abermals durch die Elektrode geklemmt, was zu einer Reduktion der lokalen piezoelektrischen Vibration in der Out-of-Plane-Richtung führt. Im Gegensatz zu den unstrukturierten Schichten ist die laterale Richtung durch die freistehenden Strukturen nicht geklemmt. Das flexible Polymer in den Zwischenräumen wirkt als elastischer Puffer, welcher die In-Plane-Bewegung nicht vollständig unterdrückt. Darüber hinaus bewirkt die Topelektrode eine gleichmäßigere Feldverteilung unterhalb der Elektrode, welche eine gleichmäßige Anregung unterstützt, aber insgesamt eine reduzierte Anregungsamplitude besitzt.

Diese qualitativen Beobachtungen wurden durch die Auswertung der mittleren piezoelektrischen Amplitude quantifiziert. Abbildung 5.22 zeigt die mittleren Amplituden der einzelnen Bereiche aus Abb. 5.21, normiert auf die durchschnittliche Amplitude des nicht kontaktierten Bereichs. Diese Normierung ermöglicht den relativen Vergleich der unterschiedlichen Bereiche. Bei unstrukturierten Proben sinkt die piezoelektrische Antwort auf 80 % für die Out-of-Plane- bzw. 20 % für die In-Plane-Richtung. Bei strukturierten Proben ist die piezoelektrische Out-of-Plane-Amplitude nicht durch das Aufdampfen der Elektrode beeinflusst. In der In-Plane-Richtung ergibt sich aber ein starker Anstieg, der bei einem Nanopunktarray mit einem Punktdurchmesser $d \approx 300$ nm eine Verdopplung der piezoelektrischen Amplitude zwischen dem Bereich mit und ohne Elektrode bedeutet.

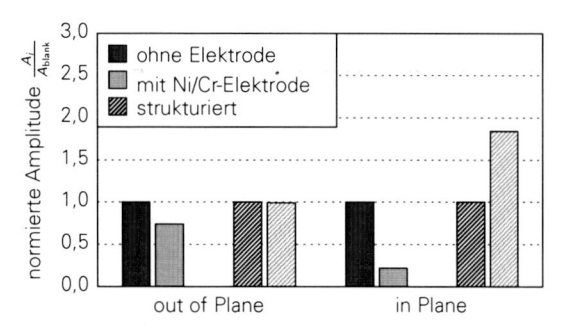

Abbildung 5.22.: Gemittelte lokale piezoelektrische Antwort von unstrukturierten und strukturierten PZT-Schichten mit und ohne Ni/Cr-Topelektrode. Die mittleren Amplitudenwerte der Bereiche wurden mit dem mittleren Amplitudenwert A_{blank} des Bereichs ohne Elektrode normiert.

Der direkte Vergleich von unstrukturierten und strukturierten Proben zeigt, dass der Effekt der aufgedampften Elektrode für die Out-of-Plane-Richtung vernachlässigbar ist. Sowohl die geschlossene Schicht als auch die Plateaus der Nanopunkte sind durch die Elektrode geklemmt, so dass die freie piezoelektrische Schwingung beschränkt wird. Der Vergleich der In-Plane-Richtung der beiden Schichten zeigt, anders als in einer geschlossenen Schicht, dass die Nanopunkte lateral nicht geklemmt sind und so die Schwingung nicht unterbunden wird. Dieser Effekt kann genutzt werden, um die In-Plane-Empfindlichkeit von potenziellen Sensormaterialien weiter zu verbessern.

Abbildung 5.23a–d zeigt die Amplitudenbilder der lokalen piezoelektrischen Antwort für kleinere Nanopunkte mit einem Durchmesser von ca. 100 nm. Die Probe wurde teilweise mit kleinen Ni/Cr-Elektroden und teilweise mit Au-Elektroden bedampft. Die Ergebnisse zeigten, dass eine Au-Elektrode weder in In-Plane- noch in Out-of-Plane-Richtung zu einem Anstieg der lokalen piezoelektrischen Amplitude führte, wie es bei Ni/Cr-Elektroden beobachtet wurde. Die Werte blieben konstant oder wurden sogar reduziert. Mit hoher Wahrscheinlichkeit wird dies durch die höhere Dichte von Gold und der damit verbundenen stärkeren Dämpfung der piezoelektrischen Antwort verursacht. Die Messungen auf einer Ni/Cr-Elektrode auf der selben Probe zeigte erneut einen deutlichen Anstieg für beide gemessenen Richtungen. Werden die normierten Amplituden der Arrays aus großen (Abb. 5.22) bzw. kleinen Nanopunkten (Abb. 5.23e) verglichen, zeigt sich, dass die relative Amplitude noch weiter steigt. In Abb. 5.22 wurde eine Vergrößerung der In-Plane-Komponente für kontaktierte Strukturen um den Faktor 2 gemessen, während in Abb. 5.23 für kleinere Ni/Cr-kontaktierte Strukturen sogar annähernd eine Vergrößerung um den Faktor 5 gemessen werden konnte.

5.7. ZUSAMMENFASSUNG

Die Untersuchungen von unstrukturierten und strukturierten PZT-Dünnschichten mit und ohne Topelektrode haben einen starken Einfluss der Strukturierung auf die piezoelektrischen Eigenschaften ergeben.

- Es kommt zu einer Veränderung der Topografie, da das Depolarisationsfeld in Nanopunkten stark ansteigt und kompensiert werden muss.

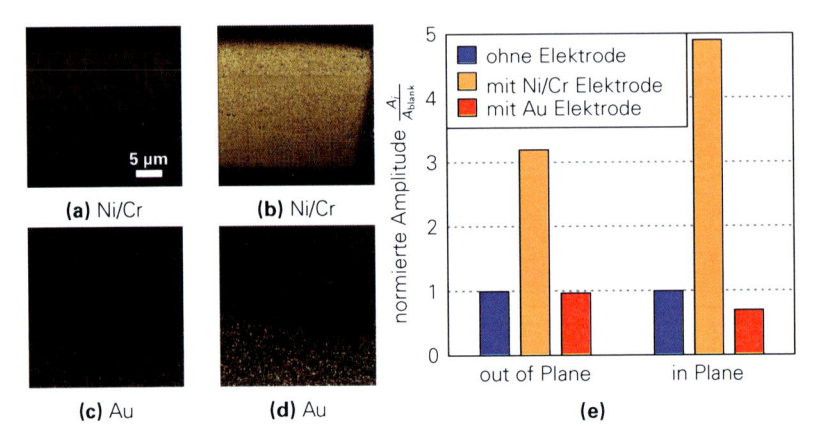

Abbildung 5.23.: (a,c) Out-of-Plane- und (b,d) In-Plane-PFM-Amplitudenbilder einer nanostrukturierten PZT-Schicht ($d \approx 100$ nm, $h \approx 80$ nm) mit aufgefüllten Zwischenräumen und mit einer Ni/Cr- (a,b) oder Au-Elektrode (c,d) kontaktiert. Die Grenzen des Wertebereichs wurden für eine einfache Vergleichbarkeit für alle vier PFM-Bilder einheitlich festgelegt. (e) Gemittelte lokale piezoelektrische Antwort auf unstrukturierten und strukturierten PZT-Schichten mit und ohne Ni/Cr- bzw. Au-Topelektrode. Die mittleren Amplitudenwerte der Bereiche wurden mit dem mittleren Amplitudenwert A_{blank} des Bereichs ohne Elektrode normiert.

- Mit steigendem Aspektverhältnis ist weiterhin ein starker Anstieg der lokalen piezoelektrischen Amplitude zu beobachten.

- Dies ist maßgeblich durch die Neuordnung der Domänen in den Nanopunkten verursacht.

- Es gibt Anhaltspunkte, dass die Strukturierung zu Domänen mit einer kontinuierlichen Änderung der Richtung des Polarisationsvektors um das Zentrum des Nanopunkts führt.

- Nickel-Chrom-Elektroden eignen sich aufgrund der geringeren Dämpfung besser als Topelektrode für solche Nanopunktarrays.

6. ZUSAMMENFASSUNG UND AUSBLICK

6.1. ZUSAMMENFASSUNG

Die Eigenschaften von ferroelektrischen Nanopartikeln und die damit verbundenen piezo- und pyroelektrischen Eigenschaften ändern sich in Abhängigkeit von der Partikelgröße. Vielfältige experimentelle Untersuchungen an einzelnen Partikeln zeigen eine Erhöhung der piezo- und pyroelektrischen Koeffizienten bei Raumtemperatur. Eine Reproduktion des Effekts auf großen Flächen bzw. funktionalen Schichten ermöglicht die Entwicklung neuartiger verbesserter Materialien für leistungsstarke Sensoren und Aktoren. Die genauen Kenntnisse über die Veränderungen in den miniaturisierten funktionalen Schichten und Bauelementen sowie kostengünstige und reproduzierbare Herstellungsmethoden für Nanostrukturen sind von essentieller Wichtigkeit, um die Effekte der Erhöhung der piezo- und pyroelektrischen Eigenschaften gezielt in industriellen Anwendungen nutzen zu können.

In der vorliegenden Arbeit wurde erfolgreich die regelmäßige Nanostrukturierung von dünnen ferroelektrischen Blei-Zirkonat-Titanat-Schichten demonstriert und deren Einfluss auf die Domänenanordnung, die lokale piezoelektrische Antwort und das Schaltverhalten untersucht.

Dabei wurde ein alternativer Ansatz der Nanostrukturierung gewählt, der auf einer Selbstanordnung einer Maske aus Nanokugeln (Bottom-Up-Verfahren) und einer anschließenden Top-Down-Strukturierung durch ein Trockenätzverfahren beruht. Die Selbstanordnung der Polymerkugeln aus Polystyrol zu einer Monolage erfolgt auf einer Luft–Wasser-Grenzschicht, die dann auf die Substrate transferiert wird. Dabei sind hexagonal dicht angeordnete Monolagen von bis zu einigen Quadratzentimetern ohne größere Fehlstellen möglich. Ein Niederdruck-Plasmaätzen mit Sauerstoff ermöglicht die isotrope Reduktion der Kugelgröße, ohne dass diese ihre anfängliche Position verlieren. Die eigentliche Strukturübertragung erfolgt mit einem anisotropen, nicht selektiven Ätzverfahren (Ionenstrahlätzen, IBE). Da Maske und zu strukturierende Schicht ähnlich schnell geätzt werden, sind maximale Aspektverhältnisse von 1 : 1 möglich. Dieses Verfahren ist schnell, einfach, benötigt keine aufwändige Ausrüstung und kann beinahe auf jedes beliebige Material übertragen werden.

Die so hergestellten Nanopunktarrays aus tetragonalem Blei-Zirkonat-Titanat mit einer überwiegenden (111)-Texturierung wurden mithilfe von Piezokraft-Mikroskopie (PFM) genauer analysiert. Die Strukturierung beeinflusst die Topografie der Nanopunktplateaus. Die einzelnen Körner der unstrukturierten Schicht brechen ab einem Aspektverhältnis von ca. 1 : 3 auf und formen charakteristische Strukturen auf den Plateaus:

- zwei Körner halbieren den Nanopunkt,

- drei Körner teilen den Nanopunkt in Drittel oder

- mehrere Körner umgeben ein zentrales Korn.

Das Depolarisationsfeld der Nanopunkte führt zu inneren mechanischen Spannungen, die nur durch das Aufspalten in mehrere kleinere Körner kompensiert werden können.

Die lokale piezoelektrische Antwort kann mithilfe von PFM in der Out-of-Plane- und der In-Plane-Richtung senkrecht zur Längsachse des Cantilevers gleichzeitig aufgezeichnet werden. Durch die Verwendung eines harten Cantilevers ($k > 2\,\text{Nm}^{-1}$) kann der Einfluss der In-Plane-Komponente in Richtung der Cantilever-Längsachse auf das Out-of-Plane-Signal minimiert werden. Die Methode liefert trotz Kalibrierungsmessungen nur einen qualitativen Eindruck der Lage des Polarisationsvektors der obersten Schicht der zu untersuchenden Struktur. Das Potenzialfeld unterhalb der Spitze ist unter Modellannahmen schon nach maximal 25 nm auf die Hälfte seines Anfangswerts abgefallen. Im realen Experiment wird der halbe Wert durch parasitäre Kapazitäten noch viel schneller erreicht.

Die piezoelektrische Antwort für beide gemessenen Antworten zeigt, dass die Änderung der Topografie auf den Nanopunktplateaus mit einer Umordnung der Domänen verbunden ist. Das Aufspalten der Körner wird von einem starken Anstieg des mittleren Betrags der lokalen piezoelektrischen Amplitude begleitet. Die Strukturierung reduziert die Verklemmung der einzelnen Nanostrukturen und sie können dadurch einfacher in normaler und lateraler Richtung schwingen. Die Untersuchung von Messserien mit unterschiedlichem Volumen-zu-Oberfläche-Verhältnissen hat gezeigt, dass die Veränderung der Aspektverhältnisses der Haupteinflussfaktor auf die lokale piezoelektrische Antwort ist. Dennoch zeigen Strukturen mit kleineren lateralen Abmaßen eine wesentlich stärkere Abhängigkeit.

Außerdem zeigt eine Untersuchung der Amplituden- und Phasenbilder der piezoelektrischen Antwort, dass die Domänenanordnung in den Strukturen stark durch die Strukturierung beeinflusst wird. Nanopunkte mit hohem Aspektverhältnis zeigen keine scharfen Domänengrenzen mehr, sondern besitzen eine dreizählige Symmetrie, zwischen denen ein kontinuierlicher Übergang erfolgt. Der lokale Polarisationsvektor scheint um das Zentrum des Nanopunkts zu rotieren. Solche Nanopunkte sind durch ein äußeres elektrisches Feld nicht mehr definiert in Plane schaltbar. Das Out-of-Plane-Schaltverhalten ähnelt dem geschlossener polykristalliner Schichten.

Für die Verbindung der einzelnen Nanopunkten zu einer funktionalen Schicht durch eine gemeinsame Topelektrode wurden in dieser Arbeit zwei Ansätze zur Isolation der Räume zwischen den Strukturen demonstriert. Mittels Imprint mit einem ebenen flexiblen Stempel konnten die Zwischenräume ohne Restschicht auf den Plateaus aufgefüllt werden. Da dieses Verfahren auf einem gleichzeitigen, ganzflächigen Imprint des Stempels beruht, ist es sehr anfällig für Verunreinigungen und Unebenheiten. Skim-Coating wird durch diese Probleme nur wenig beeinflusst, führt aber bei größeren Abständen zwischen den einzelnen Strukturen zu nicht komplett geschlossenen Zwischenräumen.

Die lokale piezoelektrische Antwort solcher isolierten Arrays wurde mittels PFM-Messungen auf Nickel-Chrom- und Goldelektroden untersucht. Das Aufdampfen einer Elektrode auf unstrukturierte Schichten reduziert die mittlere piezoelektrische Antwort durch Klemmung und schränkt so die Beweglichkeit benachbarter Domänen ein. Im Gegensatz dazu zeigen strukturierte PZT-Filme mit einer Nickel-Chrom-Elektrode einen starken Anstieg der mittleren piezoelektrischen Antwort in der In-Plane-Richtung, wobei die Out-of-Plane-Antwort kaum oder gar nicht im Vergleich zu nicht strukturierten Schichten ändert. Das Aufbringen einer Goldelektrode führte für beide Richtungen zu einer Reduktion der piezoelektrischen Antwort, was mit hoher Wahrscheinlichkeit mit der höheren Dichte und der entsprechend höheren Dämpfung der piezoelektrischen Schwingungen durch die Topelektrode zusammenhängt.

6.2. AUSBLICK

Die Arbeit hat gezeigt, dass sich makroskopische ferro-, piezo- und pyroelektrischen Eigenschaften durch eine definierte Nanostrukturierung von Blei-Zirkonat-Titanat beeinflussen lassen. Dies ermöglicht in Zukunft die Herstellung von neuartigen, effektiveren und sensitiveren funktionalen ferroelektrischen Oberflächen. Bis zu einer industriellen Anwendung müssen aber noch einige weitere Probleme gelöst werden.

Die Art und Weise der Herstellung ferroelektrischer Materialien hat einen starken Einfluss auf resultierenden Materialeigenschaften. Besonders bei dünnen Schichten existieren eine Reihe von Randbedingungen (Substrat, Wachstumsmechanismus, Prozessbedingungen), die zu Schichten mit unterschiedlicher Orientierung, Kristallinität und stöchiometrischer Zusammensetzung führen. Je nach Randbedingungen kann dies zu unterschiedlichen mikroskopischen Domänenformationen (z.B. dreizählige oder vierzählige Symmetrie) führen. Die physikalischen Ursachen und Einflussfaktoren dafür sind noch nicht umfassend bekannt, so dass weitere Untersuchungen nötig sind.

Außerdem müssen zum Beispiel für die Eignung als pyroelektrische Sensoren, entsprechende spezifische Kennwerte der Schichten bestimmt werden. Bei Infrarotsensoren spielen die thermische Masse, die Absorption und die Empfindlichkeit eine entscheidende Rolle. Die in dieser Arbeit untersuchten Schichten sind auf Siliziumsubstraten aufgebracht und besitzen daher eine sehr hohe thermische Masse, im Vergleich zu den kleinen sensitiven Nanostrukturen. Daher müssen in Zukunft Technologien entwickelt bzw. angepasst werden, um diese funktionalen Schichten auch in entsprechende Sensoren zu integrieren und ihre praktische Tauglichkeit zu testen.

Für eine erfolgreiche Integration ist auch eine selektive Strukturierung sehr interessant. Könnte beispielsweise durch eine entsprechende Oberflächenmodifizierung oder durch einen Lift-Off-Prozess eine selektive Selbstanordnung der Nanokugelmaske erreicht werden, so lässt sich so mit wenigen Prozessschritten eine komplexe Oberflächenstrukturierung erreichen. Die Verwendung eines reaktiven Ätzverfahrens zur Strukturübertragung gibt weiterhin die Möglichkeit Strukturen mit hohem Aspektverhältnis herzustellen.

ANHANG

A. Effekt der Nanostrukturierung — **107**

B. Probenübersicht — **109**
    B.1. Serie 1: Strukturhöhenvariation 109
    B.2. Serie 2: Durchmesservariation 110

C. Herleitung Cantileverbewegungen — **111**
    C.1. x-Richtung 111
    C.2. y-Richtung 112
    C.3. z-Richtung 112

A. EFFEKT DER NANOSTRUKTURIERUNG

Der Erhöhung der lokalen piezo- und pyroelektrischen Antwort durch Nanostrukturierung steht die Reduktion der aktiven Fläche gegenüber. Laut [6] sind die piezo- und pyroelektrischen Antworten in Nanopartikeln mit einer Größe von ca. 100 nm drei bis fünf mal größer als in unstrukturierten Schichten.

Hier wird modellhaft berechnet, wie viel Ladung entsteht, wenn eine strukturierte und eine unstrukturierte pyroelektrische PZT-Schicht um eine bestimmte Temperatur T erwärmt wird. Der Flächenfüllfaktor F für eine dichte hexagonale Kugelpackung mit dem Anfangsdurchmesser d_0 und dem Enddurchmesser d_1 ergibt sich zu:

$$F(r_1) = \frac{\pi}{2\sqrt{3}} \frac{r_1^2}{r_0^2} \quad \text{mit} \quad x = r_1/r_0 \text{ und } x = 0 \ldots 1$$
$$F(x) = \frac{1}{6}\sqrt{3}\pi x^2$$

Die Ladung Q für eine ungeätzten Schicht der Fläche A mit der Temperaturänderung ΔT und dem pyroelektrischen Koeffizient des Volumenmaterials p ergibt sich

$$Q_{blank} = p \cdot A \cdot \Delta T.$$

Für eine geätzte Schicht muss der Verlust durch die geringere Fläche (Füllfaktor F) und die Erhöhung durch die Größeneffekte ($\delta = 3 \ldots 5$ [6]) einbezogen werden:

$$Q_{etch} = \delta p \cdot A \cdot F \cdot \Delta T.$$

Daraus folgt:

$$\frac{Q_{etch}}{Q_{blank}} = \delta \cdot F = \delta \cdot \frac{1}{6}\sqrt{3}\pi x^2.$$

Wird nun ein Anfangsdurchmesser r_0 der Kugeln von 150 nm angenommen und dieser wird auf r_1 = 100 nm reduziert, folgt für x = 0,7 und δ = 3...5:

$$\frac{Q_{etch}}{Q_{blank}} = 1{,}3\ldots 2{,}2.$$

Im ungünstigsten Fall wird also der Verlust der sensitiven Fläche durch die erhöhte piezo- und pyroelektrische Antwort kompensiert, im günstigsten Fall kommt es sogar zu einer Verdopplung.

B. PROBENÜBERSICHT

Es wurden zwei verschiedene Serien von Proben hergestellt. Einmal wurde die Höhe H der Strukturen durch die Ionenstrahlätzzeit t_{IBE} variiert und in einer weitere Serie, wurde t_{RIE} konstant gehalten und die Durchmesser d durch Anpassung der Ätzzeit des reaktiven Ionenätzens t_{RIE} angepasst.

Außerdem wurden unterschiedliche Kugelmasken verwendet: einerseits Kugeln mit einem Anfangsdurchmesser d_0 = 230 nm (EP3) und andererseits Kugeln mit d_0 = 430 nm (EP4).

B.1. SERIE 1: STRUKTURHÖHENVARIATION

Tabelle B.1.: Serie 1: Strukturhöhenvariation, d_0 = 230 nm (EP3).

Probe	t_{RIE}/min	d/nm	t_{IBE}/min	h/nm
K8_i20	5:00	130	3:04	20
K9_i40	5:00	130	6:09	40
K10_i60	5:00	130	9:13	60
K11_i80	5:00	130	12:18	80
K12_i100	5:00	130	15:23	100

Tabelle B.2.: Serie 1: Strukturhöhenvariation, d_0 = 430 nm (EP4).

Probe	t_{RIE}/min	d/nm	t_{IBE}/min	h/nm
G8_i20	12:00	150	3:04	20
G9_i40	12:00	150	6:09	40
G10_i60	12:00	150	9:13	60
G11_i80	12:00	150	12:18	80
G12_i100	12:00	150	15:23	100

B.2. SERIE 2: DURCHMESSERVARIATION

Tabelle B.3.: Serie 2: Durchmesservariation, d_0 = 230 nm (EP3).

Probe	t_{RIE}/min	d/nm	t_{IBE}/min	h/nm
K1_r2	2:00	192	12:18	80
K3_r3	3:00	175	12:18	80
K4_r4	4:00	155	12:18	80
K6_r5	5:00	143	12:18	80

Tabelle B.4.: Serie 2: Durchmesservariation, d_0 = 430 nm (EP4).

Probe	t_{RIE}/min	d/nm	t_{IBE}/min	h/nm
G1_r2	2:00	390	12:18	80
G2_r4	4:00	363	12:18	80
G3_r6	6:00	325	12:18	80
G4_r8	8:00	292	12:18	80
G5_r10	10:00	243	12:18	80
G7_r12	12:00	152	12:18	80

C. HERLEITUNG CANTILEVERBEWEGUNGEN

C.1. *x*-RICHTUNG

Eine Verschiebung Δx bewirkt eine laterale Torsion des Cantilevers und gleichzeitig eine Verkürzung des Abstands Δh, der aber vernachlässigt werden kann. S ist der Abstand zwischen Cantilever und 4-Quadranten-Diode, H die Gesamthöhe des Cantilevers bestehend aus der Summe der Spitzenlänge l_{tip} und der Dicke des Cantilevers T und L gibt die Länge des Cantileverfederbalkens an.

$$\tan \alpha_x = \frac{\Delta x}{H}$$

$$\varphi_x = 2\alpha_x \approx 2\frac{\Delta x}{H}$$

$$\Delta D_{l-r} = 2\sin\varphi_x \cdot S \approx 2\varphi_x \cdot S$$

$$\Rightarrow \Delta D_{l-r} = 4\frac{S}{H}\Delta x$$

$$\Rightarrow V_{ip,x} = \frac{\Delta D_{l-r}}{\Delta x} = 4\frac{S}{H}$$

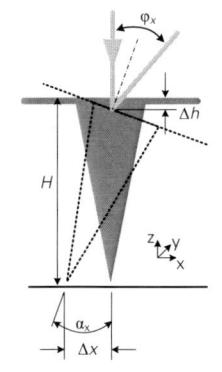

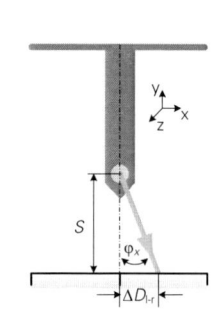

C.2. y-RICHTUNG

Eine Verschiebung Δy der Spitze in y-Richtung (parallel zur Cantileverlängsachse) führt bei weichen Cantilevern zu einer vertikalen Torsion oder Ausbeulung. Diese Ausbeulung führt zu einer Ablenkung ΔD_{u-o} des Lasers in vertikaler Richtung und wird in dem Out-of-Plane-Signal detektiert. Wird ΔD_{u-o} auf die Verschiebung Δy bezogen kann die In-Plane-Verstärkung der y-Richtung $V_{ip,y}$ angegeben werden:

$$\tan \alpha_y = \frac{\Delta y}{H}$$

$$\varphi_y = 2\alpha_y \approx 2\frac{\Delta y}{H}$$

$$\Delta D_{u-o} = 2\tan \varphi_y \cdot S \approx 2\varphi_y \cdot S$$

$$\Rightarrow \Delta D_{u-o} = 4\frac{S}{H}\Delta y$$

$$\Rightarrow V_{ip,y} = \frac{\Delta D_{u-o}}{\Delta y} = 4\frac{S}{H}$$

C.3. z-RICHTUNG

Eine Verschiebung des Cantilevers um Δz normal zur Probenoberfläche führt zu einer Ablenkung ΔD_{u-o} auf der 4-Quadranten-Diode. Das Verhältnis aus der Ablenkung auf der Diode zur Verschiebung Δz wird als Out-of-Plane-Verstärkung in V_{oop} bezeichnet.

Aus der Balken-Gleichung folgt (Abschn. 2.6.2):

$$\varphi_z = \frac{3}{2}\frac{\Delta z}{L}$$

$$\Delta D_{u-o} = 2\tan \varphi_z \cdot S \approx 2\varphi_z \cdot S$$

$$\Rightarrow \Delta D_{u-o} = 3\frac{S}{L}\Delta z$$

$$\Rightarrow V_{oop} = \frac{\Delta D_{u-o}}{\Delta z} = 3\frac{S}{L}$$

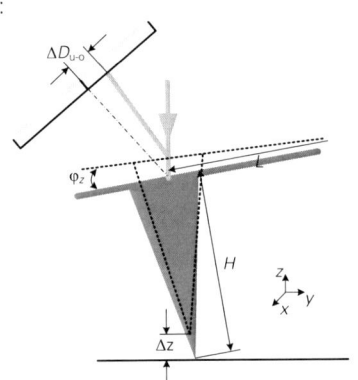

LITERATUR

[1] »Ferroelektrikum«. In: *Brockhaus Enzyklopädie*. Hrsg. von F. A. Brockhaus. 19. Aufl. Bd. 7. Mannheim: Bibliographisches Institut & F. A. Brockhaus AG, 1988.

[2] J. F. Scott und C. A. Paz de Araujo. »Ferroelectric Memories«. In: *Science* 246.4936 (1989), S. 1400–1405.

[3] C. S. Ganpule, A. Stanishevsky, Q. Su, S. Aggarwal, J. Melngailis, E. Williams und R. Ramesh. »Scaling of ferroelectric properties in thin films«. In: *Appl. Phys. Lett.* 75.3 (1999), S. 409–411.

[4] I. I. Naumov, L. M. Bellaiche und H. Fu. »Unusual phase transitions in ferroelectric nanodisks and nanorods«. In: *Nature* 432.7018 (2004), S. 737–740.

[5] M. Anliker, H. R. Brugger und W. Kaenzig. »Das Verhalten von kolloidalen Seignetteelektrika III, Bariumtitanat $BaTiO_3$«. In: *Helv. Phys. Acta* 27 (1954), S. 99–124.

[6] S. Bühlmann, B. Dwir, J. Baborowski und P. Muralt. »Size effect in mesoscopic epitaxial ferroelectric structures: Increase of piezoelectric response with decreasing feature size«. In: *Appl. Phys. Lett.* 80.17 (2002), S. 3195–3197.

[7] K. R. Zhu, M. S. Zhang, Y. Deng, J. X. Zhou und Z. Yin. »Finite-size effects of lattice structure and soft mode in bismuth titanate nanocrystals«. In: *Solid State Commun.* 145.9–10 (2008), S. 456–460.

[8] P. I. Bykov, G. Suchaneck, M. A. Popov und G. Gerlach. »Size effects in ferroelectric nanocones«. In: *Ferroelectr.* 368 (2008), S. 401–407.

[9] T. Yu, Z. X. Shen, W. S. Toh, J. M. Xue und J. Wang. »Size effect on the ferroelectric phase transition in $SrBi_2Ta_2O_9$ nanoparticles«. In: *J. Appl. Phys.* 94.1 (2003), S. 618–620.

[10] B. Jiang, J. L. Peng, L. A. Bursill und W. L. Zhong. »Size effects on ferroelectricity of ultrafine particles of $PbTiO_3$«. In: *Journal of Applied Physics* 87.7 (2000), S. 3462–3467.

[11] Y. Sakabe, N. Wada und Y. Hamaji. »Grain size effects on dielectric properties and crystal structure of fine-grained $BaTiO_3$ ceramics«. In: *J. Korean Phys. Soc.* 32 (1998), S260–S264.

[12] K. Ishikawa und K. Nagareda. »Size effect on the phase transition in ferroelectric fine-particles«. In: *J. Korean Phys. Soc.* 32 (1998), S. 56–58.

[13] W. Y. Shih, W. H. Shih und I. A. Aksay. »Size dependence of the ferroelectric transition of small BaTiO$_3$ particles – Effect of depolarization«. In: *Phys. Rev. B: Condens. Matter* 50.21 (1994), S. 15575–15585.

[14] K. Kinoshita und A. Yamaji. »Grain-size effects on dielectric properties in barium-titanate ceramics«. In: *J. Appl. Phys.* 47.1 (1976), S. 371–373.

[15] A. Schilling, R. M. Bowman, G. Catalan, J. F. Scott und J. M. Gregg. »Morphological control of polar orientation in single-crystal ferroelectric nanowires«. In: *Nano Lett.* 7.12 (2007), S. 3787–3791.

[16] W. Jo, T.-H. Kim, D.-Y. Kim und S. K. Pabi. »Effects of grain size on the dielectric properties of Pb(Mg$_{1/3}$Nb$_{2/3}$)O$_3$-30 mol % PbTiO$_3$ ceramics«. In: *J. Appl. Phys.* 102.7 (2007), S. 074116.

[17] H. Han, K. Lee, W. Lee, M. Alexe, D. Hesse und S. Baik. »Fabrication of epitaxial nanostructured ferroelectrics and investigation of their domain structures«. In: *J. Mater. Sci.* 44.19 (2009), S. 5167–5181.

[18] A. Schilling, D. Byrne, G. Catalan, K. G. Webber, Y. A. Genenko, G. S. Wu, J. F. Scott und J. M. Gregg. »Domains in ferroelectric nanodots«. In: *Nano Lett.* 9.9 (2009), S. 3359–3364.

[19] R. G. P. McQuaid, L. McGilly, P. Sharma, A. Gruverman und J. M. Gregg. »Mesoscale flux-closure domain formation in single-crystal BaTiO$_3$«. In: *Nat. Commun.* 2 (2011), S. 404.

[20] A. Gruverman, D. Wu, H.-J. Fan, I. Vrejoiu, M. Alexe, R. J. Harrison und J. F. Scott. »Vortex ferroelectric domains«. In: *J. Phys.: Condens. Matter* 20 (2008), S. 342201.

[21] B. J. Rodriguez, X. S. Gao, L. F. Liu, W. Lee, I. I. Naumov, A. M. Bratkovsky, D. Hesse und M. Alexe. »Vortex polarization states in nanoscale ferroelectric arrays«. In: *Nano Lett.* 9.3 (2009), S. 1127–1131.

[22] M. G. Stachiotti und M. Sepliarsky. »Toroidal ferroelectricity in PbTiO$_3$ nanoparticles«. In: *Phys. Rev. Lett.* 106.13 (2011), S. 137601.

[23] C. Harnagea. »Local piezoelectric response and domain structures in ferroelectric thin films investigated by voltage-modulated force microscopy«. Diss. Halle/Wittenberg: Martin-Luther-Universität, 4.05.2001.

[24] S. Bühlmann. »Patterned and self-assembled ferroelectric nano-structures obtained by epitaxial growth and e-beam lithography«. Diss. Lausanne: École Polytechnique Fédérale de Lausanne, 2004.

[25] F. Schlaphof. »Kraftmikroskopische Untersuchungen dünner ferroelektrischer Filme«. Diss. Dresden: Technische Universität Dresden, 20.12.2004.

[26] U. J. Sutter. »Domäneneffekte in ferroelektrischen PZT-Keramiken«. Diss. Karlsruhe: Universität Karlsruhe, 23.12.2005.

[27] C. C. You. »Fabrication and Characterization of Ferroelectric Nanomesas: A Scanning Probe Approach«. Diss. Trondheim: Norwegian University of Science and Technology, Jan 2010.

[28] M. Kasper. *Mikrosystementwurf: Entwurf und Simulation von Mikrosystemen*. Berlin: Springer, 2000.

[29] T. M. Kamel. »Polar materials part 1: Classification and history«. In: *KGK* 29 (2008), S. 23–27.

[30] J. Valasek. »Piezoelectric and allied phenomena in Rochelle salt«. In: *Phys. Rev.* 17.4 (1921), S. 475–481.

[31] D. Brewster. *Observations on the pyro-electricity of minerals*. Edinburgh und London: William Blackwood und T. Cadell, 1824.

[32] J. Curie und P. Curie. »Développement, par pression, de l'électricité polaire dans les cristaux hémièdres à faces inclinées«. In: *Comptes rendus hebdomadaires des séances de l'Académie des sciences* 91 (1880), S. 294–295.

[33] P. Debye. »Einige Resultate einer kinetischen Theorie der Isolatoren: vorläufige Mitteilung«. In: *Physik. Zeitschr.* XIII (1912), S. 97–100.

[34] E. Schrödinger. »Studien über Kinetik der Dielektrika, Schmelzpunkt, Pyro- und Piezoelektritzität«. Diss. Wien: Kaiserliche Akademie der Wissenschaften, 17.10.1912.

[35] P. Curie. *Propriétés magnetiques des corps à diverses températures*. Gauthiers-Villars et fils, 1895.

[36] G. Busch und P. Scherrer. »Eine neue seignette-elektrische Substanz«. In: *Naturwiss.* 23.43 (1935), S. 737.

[37] V. Ginsburg. »The dieclectric properties of ferroelectric (seignettoelectric) substances and of barium titanate«. In: *J. Exp. Theor. Phys. SSSR* 15 (1945). (in Russisch), S. 739–743.

[38] A. v. Hippel, R. G. Breckenridge, F. G. Chesley und L. Tisza. »High dielectric constant ceramics«. In: *Ind. Eng. Chem.* 38.11 (1946), S. 1097–1109.

[39] A. F. Devonshire. »Theory of barium titanate: Part I«. In: *Philos. Mag. Series 7* 40.309 (1949), S. 1040–1063.

[40] G. Shirane und A. Takeda. »Phase transitions in solid solutions of PbZrO$_3$ and PbTiO$_3$ (I) Small concentrations of PbTiO$_3$«. In: *J. Phys. Soc. Jpn.* 7.1 (1952), S. 5–11.

[41] G. Shirane, K. Suzuki und A. Takeda. »Phase transitions in solid solutions of PbZrO$_3$ and PbTiO$_3$ (II) X-ray study«. In: *J. Phys. Soc. Jpn.* 7.1 (1952), S. 12–18.

[42] A. M. Nicholson. »Piezophony«. Pat. US 1,495,429. Mai 1924.

[43] P. Langevin. »Procédé et appareils d'émission et de réception des ondes élastiques sous-marines à l'aide des propriétés piézoélectriques du quartz«. Pat. FR 505,703. Mai 1920.

[44] H. R. v. Jaffe. »Polymorphism of Rochelle salt«. In: *Phys. Rev.* 51.1 (1937), S. 43–47.

[45] A. F. Devonshire. »Theory of barium titanate: Part II«. In: *Philos. Mag. Series 7* 42.333 (1951), S. 1065–1079.

[46] B. Jaffe. »Piezoelectric properties of lead zirconate–lead titanate solid-solution ceramics«. In: *J. Appl. Phys.* 25.6 (1954), S. 809.

[47] C. Kittel. *Introduction to solid state physics*. 7. Aufl. New York: Wiley, 1996.

[48] N. W. Ashcroft und N. D. Mermin. *Solid state physics*. New York: Holt, Rinehart und Winston, 1976.

[49] R. J. D. Tilley. *Understanding solids: The science of materials*. Chichester u. a.: J. Wiley, 2004.

[50] S. Choudhury, Y. Li, N. Odagawa, A. Vasudevarao, L. Tian, P. Capek, V. Dierolf, A. N. Morozovska, E. A. Eliseev, S. Kalinin, Y. Cho, L. Chen und V. Gopalan. »The influence of 180° ferroelectric domain wall width on the threshold field for wall motion«. In: *J. Appl. Phys.* 104 (2008), S. 084107.

[51] I. P. Batra und B. Silverman. »Thermodynamic stability of thin ferroelectric films«. In: *Solid State Commun.* 11.1 (1972), S. 291–294.

[52] R. Waser und U. Böttger. *Polar oxides: Properties, characterization and imaging*. Weinheim: Wiley-VCH, 2005.

[53] D. Woodward, J. Knudsen und I. Reaney. »Review of crystal and domain structures in the $PbZr_xTi_{1-x}O_3$ solid solution«. In: *Phys. Rev. B* 72.10 (2005).

[54] C. A. Randall, D. J. Barber und R. W. Whatmore. »Ferroelectric domain configurations in a modified-PZT ceramic«. In: *J. Mater. Sci.* 22.3 (1987), S. 925–931.

[55] J. Ricote, R. W. Whatmore und D. J. Barber. »Studies of the ferroelectric domain configuration and polarization of rhombohedral PZT ceramics«. In: *J. Phys.: Condens. Matter* 12.3 (2000), S. 323–337.

[56] L. L. Boyer, N. Velasquez und J. T. Evans. »Low voltage lead zirconate titanate (PZT) and lead niobate zirconate titanate (PNZT) hysteresis loops«. In: *Jpn. J. Appl. Phys.* 36 (1997), S. 5799–5802.

[57] A. Mansingh, R. Nayak, V. Gupta und K. Sreenivas. »Surface acoustic wave propagation in $PZT/YBCO/SrTiO_3$ and $PbTiO_3/YBCO/SrTiO_3$ epitaxial heterostructures«. In: *Ferroelectr.* 224.1 (1999), S. 275–282.

[58] G. S. Wang, Z. Q. Lai, J. Yu, S. L. Guo, J. H. Chu, G. Li und Q. H. Lu. »Preparation and properties of lanthanum strontium cobalt films on Si(100) by metalorganic chemical liquid deposition«. In: *J. Cryst. Growth* 233.3 (2001), S. 512–516.

[59] D. Bao, S. K. Lee, X. Zhu, M. Alexe und D. Hesse. »Growth, structure, and properties of all-epitaxial ferroelectric $(BiLa)_4Ti_3O_{12}/Pb(Z_{r0.4}Ti_{0.6})O_3/(BiLa)_4Ti_3O_{12}$ trilayered thin films on $SrRuO_3$-covered $SrTiO_3$(011) substrates«. In: *Appl. Phys. Lett.* 86.8 (2005), S. 082906.

[60] K. Aoki, Y. Fukuda, K. Numata und A. Nishimura. »Effects of titanium buffer layer on lead-zirconate-titanate crystallization processes in sol-gel deposition technique«. In: *Jpn. J. Appl. Phys.* 34.Part 1, No. 1 (1995), S. 192–195.

[61] P. Muralt, T. Maeder, L. Sagalowicz, S. Hiboux, S. Scalese, D. Naumovic, R. G. Agostino, N. Xanthopoulos, H. J. Mathieu, L. Patthey und E. L. Bullock. »Texture control of $PbTiO_3$ and $Pb(ZrTi)O_3$ thin films with TiO_2 seeding«. In: *J. Appl. Phys.* 83.7 (1998), S. 3835.

[62] S.-K. Hong, Y. Eui Lee, J. Lee und H. J. Kim. »Growth behavior and ferroelectric properties of Zr-rich PZT thin films deposited on various Pt electrodes«. In: *Integr. Ferroelectr.* 23.1-4 (1999), S. 65–75.

[63] K. Kushida-Abdelghafar, K. Torii, T. Mine, T. Kachi und Y. Fujisaki. »Orientation control in PZT/Pt/TiN multilayers with various Si and SiO_2 underlayers for high performance ferroelectric memories«. In: *J. Vac. Sci. Technol., B* 18.1 (2000), S. 231.

[64] G. Zavala, J. H. Fendler und S. Trolier-McKinstry. »Characterization of ferroelectric lead zirconate titanate films by scanning force microscopy«. In: *J. Appl. Phys.* 81.11 (1997), S. 7480.

[65] V. Nagarajan, A. Roytburd, A. Stanishevsky, S. Prasertchoung, T. Zhao, L. Chen, J. Melngailis, O. Auciello und R. Ramesh. »Dynamics of ferroelastic domains in ferroelectric thin films«. In: *Nat. Mater.* 2.1 (2003), S. 43–47.

[66] P. Wurfel und I. P. Batra. »Depolarization effects in thin ferroelectric films«. In: *Ferroelectr.* 12.1 (1976), S. 55–61.

[67] M. Dawber, K. M. Rabe und J. F. Scott. »Physics of thin-film ferroelectric oxides«. In: *Rev. Mod. Phys.* 77.4 (2005), S. 1083–1130.

[68] T. Furukawa. »Piezoelectricity and pyroelectricity in polymers«. In: *IEEE Trans. Electr. Insul.* 24.3 (1989), S. 375–394.

[69] X. Liu, K. Kitamura und K. Terabe. »Surface potential imaging of nanoscale $LiNbO_3$ domains investigated by electrostatic force microscopy«. In: *Appl. Phys. Lett.* 89 (2006), S. 132905.

[70] A. S. Bhalla und R. E. Newnham. »Primary and secondary pyroelectricity«. In: *Phys. Status Solidi A* 58.1 (2006), K19–K24.

[71] R. E. Newnham. *Properties of materials: Anisotropy, symmetry, structure.* Oxford und New York: Oxford University Press, 2005.

[72] G. Yi, Z. Wu und M. Sayer. »Preparation of $Pb(ZrTi)O_3$ thin films by sol gel processing: Electrical, optical, and electro-optic properties«. In: *J. Appl. Phys.* 64.5 (1988), S. 2717.

[73] Y. Kobayashi, T. Tanase, T. Tabata, T. Miwa und M. Konno. »Fabrication and dielectric properties of the eBaTiO3-polymer nano-composite thin films«. In: *J. Eur. Ceram. Soc.* 28.1 (2008), S. 117–122.

[74] Y. Sakashita, T. Ono, H. Segawa, K. Tominaga und M. Okada. »Preparation and electrical properties of MOCVD-deposited PZT thin films«. In: *J. Appl. Phys.* 69.12 (1991), S. 8352.

[75] Y. Sakashita, H. Segawa, K. Tominaga und M. Okada. »Dependence of electrical properties on film thickness in $Pb(Zr_xTi_{1-x})O_3$ thin films produced by metalorganic chemical vapor deposition«. In: *J. Appl. Phys.* 73.11 (1993), S. 7857.

[76] K. H. Chew, F. G. Shin, B. Ploss, H. L.-W. Chan und C. L. Choy. »Pyroelectric properties of ferroelectric 0–3 composites near matrix transition temperature«. In: *Ferroelectr.* 325 (2005), S. 151–154.

[77] J. Eschbach, D. Rouxel, B. Vincent, Y. Mugnier, C. Galez, R. Le Dantec, P. Bourson, J. K. Kuger, O. Elmazria und P. Alnot. »Development and characterization of nanocomposite materials«. In: *Mater. Sci. Eng., C* 27.5-8 (2007), S. 1260–1264.

[78] B. Ploss und M. Krause. »Optimized pyroelectric properties of 0–3 composites of PZT particles in polyurethane doped with lithium perchlorate«. In: *IEEE Trans. Ultrason. Ferroelectr. Freq. Control* 54.12 (2007), S. 2479–2481.

[79] B. Ploss, S. Kopf und F. G. Shin. »The pyroelectric coefficient of composites«. In: *Proc. ISE 12* (2005), S. 487–490.

[80] B. Ploss, B. Ploss und F. G. Shin. »A general formula for the effective pyroelectric coefficient of composites«. In: *IEEE Trans. Dielectr. Electr. Insul.* 13.5 (2006), S. 1170–1176.

[81] R. Bruchhaus, D. Pitzer, M. Schreiter und W. Wersing. »Optimized PZT thin films for pyroelectric IR detector arrays«. In: *J. Electroceram.* 3.2 (1999), S. 151–162.

[82] K. Uchinio. *Ferroelectric Devices*. 2. Aufl. CRC Press Taylor & Francis Group, 2010.

[83] M.-A Dubois, P. Muralt, D. V. Taylor und S. Hiboux. »Which PZT thin films for piezoelectric microactuator applications?« In: *Integr. Ferroelectr.* 22.5 (1998), S. 535–543.

[84] B. Jaffe, W. R. Cook und H. L. Jaffe. *Piezoelectric ceramics*. London und New York: Academic Press, 1971.

[85] R. S. Weis und T. K. Gaylord. »Lithium niobate: Summary of physical properties and crystal structure«. In: *Appl. Phys. A* 37.4 (1985), S. 191–203.

[86] R. T. Smith und F. S. Welsh. »Temperature dependence of the elastic, piezoelectric, and dielectric constants of lithium tantalate and lithium niobate«. In: *J. Appl. Phys.* 42.6 (1971), S. 2219.

[87] A. W. Warner, M. Onoe und G. A. Coquin. »Determination of elastic and piezoelectric constants for crystals in class (3m)«. In: *J. Acoust. Soc. Am.* 42.6 (1967), S. 1223.

[88] T. Yamada, N. Niizeki und H. Toyoda. »Piezoelectric and elastic properties of lithium niobate single crystals«. In: *Jpn. J. Appl. Phys.* 6.2 (1967), S. 151–155.

[89] Y. Xu. *Ferroelectric materials and their applications*. Amsterdam und New York: Elsevier Science Pub. Co., 1991.

[90] W. Heywang, K. Lubitz und W. Wersing, Hrsg. *Piezoelectricity: Evolution and future of a technology*. Berlin: Springer, 2008.

[91] S. B. Lang. »Review of recent work on pyroelectric applications«. In: *Ferroelectr.* 53.1 (1984), S. 189–196.

[92] N. Setter, D. Damjanovic, L. M. Eng, G. Fox, S. Gevorgian, S. Hong, A. Kingon, H. Kohlstedt, N. Y. Park, G. B. Stephenson, I. Stolitchnov, A. K. Tagantsev, D. V. Taylor, T. Yamada und S. Streiffer. »Ferroelectric thin films: Review of materials, properties, and applications«. In: *J. Appl. Phys.* 100.5 (2006), S. 051606.

[93] Y.-C. Hsu, C.-C. Wu, C.-C. Lee, G. Z. Cao und I. Y. Shen. »Demonstration and characterization of PZT thin-film sensors and actuators for meso- and micro-structures«. In: *Sens. Actuators, A* 116.3 (2004), S. 369–377.

[94] P. Muralt. »PZT thin films for microsensors and actuators: Where do we stand?« In: *IEEE Trans. Ultrason. Ferroelectr. Freq. Control* 47.4 (2000), S. 903–915.

[95] K. R. Oldham, J. S. Pulskamp, R. G. Polcawich und M. Dubey. »Thin-film PZT lateral actuators with extended stroke«. In: *J. Microelectromech. Syst.* 17.4 (2008), S. 890–899.

[96] Q. Q. Zhang, B. Ploss, H. L.-W. Chan und C. L. Choy. »Integrated pyroelectric array based on PCLT/P(VDF-TrFE) composite«. In: *Sens. Actuators, A* 86.3 (2000), S. 216–219.

[97] A Navid, C. S. Lynch und L. Pilon. »Purified and porous poly(vinylidene fluoride-trifluoroethylene) thin films for pyroelectric infrared sensing and energy harvesting«. In: *Smart Mater. Struct.* 19 (2010), S. 055006.

[98] I. Salaoru und S. Paul. »Non-volatile memory device – using a blend of polymer and ferroelectric nanoparticles«. In: *J. Optoelectron. Adv. Mater.* 10.12 (2008), S. 3461–3464.

[99] Y. Garbovskiy, O. Zribi und A. Glushchenko. »Emerging Applications of Ferroelectric Nanoparticles in Materials Technologies, Biology and Medicine«. In: *Advances in Ferroelectrics*. Hrsg. von A. P. Barranco. InTech, 2012, S. 475–497.

[100] C. Pithan, D. Hennings und R. Waser. »Progress in the synthesis of nanocrystalline BaTiO$_3$ powders for MLCC«. In: *J. Appl. Ceram. Technol.* 2.1 (2005), S. 1–14.

[101] P. Kim, N. M. Doss, J. P. Tillotson, P. J. Hotchkiss, M.-J. Pan, S. R. Marder, J. Li, J. P. Calame und J. W. Perry. »High energy density nanocomposites based on surfacemodified BaTiO$_3$ and a ferroelectric polymer«. In: *ACS Nano* 3.9 (2009), S. 2581–2592.

[102] Y. Reznikov. »Ferroelectric Colloids in Liquid Crystals«. In: *Liquid Crystals Beyond Displays: Chemistry, Physics, and Applications.* Hrsg. von Q. Li. John Wiley & Sons, Inc., 2012, S. 403–426.

[103] H.-H. Liang und J.-Y. Lee. »Enhanced electro-optical properties of liquid crystals devices by doping with ferroelectric nanoparticles«. In: *Ferroelectrics – Material Aspects.* Hrsg. von M. Lallart. InTech, 2011, S. 192–210.

[104] C.-L. Hsieha, R. Grangea, Y. Pua und D. Psaltisa. »Bioconjugation of barium titanate nanocrystals with immunoglobulin G antibody for second harmonic radiation imaging probes«. In: *Biomaterials* 31.8 (2010), S. 2272–2277.

[105] B. G. Yust, N. Razavi, F. Pedraza, Z. Elliott, A. T. Tsin und D. K. Sardar. »Enhancement of nonlinear optical properties of BaTiO$_3$ nanoparticles by the addition of silver seeds«. In: *Opt. Express* 20.24 (2012), S. 26511–26520.

[106] N. Horiuchi. »Imaging: Second-harmonic nanoprobes«. In: *Nat. Photonics* 5.7 (2011).

[107] C.-L. Hsieh, R. Grange, Y. Pu und D. Psaltis. »Three-dimensional harmonic holographic microcopy using nanoparticles as probes for cell imaging«. In: *Opt. Express* 17.4 (2009), S. 2880–2891.

[108] R. Ramaseshan, S. Sundarrajan, R. Jose und S. Ramakrishna. »Nanostructured ceramics by electrospinning«. In: *J. Appl. Phys.* 102.11 (2007), S. 111101.

[109] Y. He, T. Zhang, W. Zheng, R. Wang, X. Liu, Y. Xia und J. Zhao. »Humidity sensing properties of BaTiO$_3$ nanofiber prepared via electrospinning«. In: *Sens. Actuators, B* 146.1 (2010), S. 98–102.

[110] Y. Dai, W. Liu, E. Formo, Y. Sun und Y. Xia. »Ceramic nanofibers fabricated by electrospinning and their applications in catalysis, environmental science, and energy technology«. In: *Polymers Advanc. Technol.* 22.3 (2010), S. 236–338.

[111] P. Pantazis, J. Maloney, D. Wu und S. E. Fraser. »Second harmonic generating (SHG) nanoprobes for in vivo imaging«. In: *PNAS* 107.33 (2010), S. 14535–14540.

[112] S. Semenov, N. Pham und S. Egot-Lemaire. »Ferroelectric nanoparticles for contrast enhancement microwave tomography: Feasibility assessment for detection of lung cancer«. In: *IFMBE Proceedings.* Bd. 25. 8. 2010, S. 311–313.

[113] C. Sawyer und C. Tower. »Rochelle salt as a dielectric«. In: *Phys. Rev.* 35.3 (1930), S. 269–273.

[114] G. Binnig, C. F. Quate und C. Gerber. »Atomic force microscope«. In: *Phys. Rev. Lett.* 56.9 (1986), S. 930–933.

[115] W. D. Pilkey. *Formulas for stress, strain, and structural matrices.* New York: John Wiley & Sons, 1994.

[116] R. Waser, Hrsg. *Nanoelectronics and Information Technology.* 1. Aufl. Wiley-VCH, 2003.

[117] G. Meyer und N. M. Amer. »Novel optical approach to atomic force microscopy«. In: *Appl. Phys. Lett.* 53.12 (1988), S. 1045.

[118] A. L. Weisenhorn, P. K. Hansma, T. R. Albrecht und C. F. Quate. »Forces in atomic force microscopy in air and water«. In: *Appl. Phys. Lett.* 54.26 (1989), S. 2651.

[119] A. Pfrang, M. Müller und T. Schimmel. »Chemical contrast imaging: Die Abbildung chemischer Kontraste mit dem Rasterkraftmikroskop«. In: *Nanotechnik* 2 (2008).

[120] S. V. Kalinin und D. A. Bonnell. »Electric scanning probe imaging and modification of ferroelectric surfaces«. In: *Nanoscale characterisation of ferroelectric materials*. Hrsg. von M. Alexe. Nanoscience and technology. Berlin und Heidelberg: Springer, 2004, S. 1–43.

[121] C. Lichtensteiger, M. Dawber und J.-M. Triscone. »Ferroelectric size effects«. In: *Physics of ferroelectrics*. Hrsg. von K. M. Rabe, C. H. Ahn und J.-M. Triscone. Bd. 105. Berlin, and New York: Springer, 2007, S. 305–337.

[122] J. M. Gregg. »Ferroelectrics at the nanoscale«. In: *Phys. Status Solidi A* 206.4 (2009), S. 577–587.

[123] ISO/TS 27687:2008. *Nanotechnologies – Terminology and definitions for nano-objects – Nanoparticle, nanofibre and nanoplate.* Sep. 2008.

[124] C. L. Wang, W. L. Zhong und P. L. Zhang. »The Curie temperature of ultra-thin ferroelectric films«. In: *J. Phys.: Condens. Matter* 4.19 (1992), S. 4743–4749.

[125] A. V. Bune, V. M. Fridkin, S. Ducharme, L. M. Blinov, S. P. Palto, A. V. Sorokin, S. G. Yudin und A. Zlatkin. »Two-dimensional ferroelectric films«. In: *Nature* 391.6670 (1998), S. 874–877.

[126] O. Auciello, J. F. Scott und R. Ramesh. »The physics of ferroelectric memories«. In: *Phys. Today* 51.7 (1998), S. 22–27.

[127] A. Gruverman und A. L. Kholkin. »Nanoscale ferroelectrics: processing, characterization and future trends«. In: *Rep. Prog. Phys.* 69.8 (2006), S. 2443–2474.

[128] E. K. Akdogan, M. R. Leonard und A. Safari. »Size Effects in Ferroelectric Ceramics«. In: *Handbook of low and high dielectric constant materials and their applications*. Hrsg. von H. S. Nalwa. San Diego: Academic Press, 1999, S. 61–112.

[129] E. K. Akdogan, W. Mayo, A. Safari, C. J. Rawn und E. A. Payzant. »Structure-property relations in mesoscopic $BaTiO_3$ and $PbTiO_3$«. In: *Ferroelectr.* 223.1 (1999), S. 11–18.

[130] M. Alexe, C. Harnagea, D. Hesse und U. Gösele. »Polarization imprint and size effects in mesoscopic ferroelectric structures«. In: *Appl. Phys. Lett.* 79.2 (2001), S. 242.

[131] A. Rüdiger, T. Schneller, A. Roelofs, S. Tiedke, T. Schmitz und R. Waser. »Nanosize ferroelectric oxides – tracking down the superparaelectric limit«. In: *Appl. Phys. A* 80.6 (2005), S. 1247–1255.

[132] T. M. Shaw, S. Trolier-McKinstry und P. C. McIntyre. »The properties of ferroelectric films at small dimensions«. In: *Annu. Rev. Mater. Sci.* 30.1 (2000), S. 263–298.

[133] T. Tybell, C. H. Ahn und J.-M. Triscone. »Ferroelectricity in thin perovskite films«. In: *Appl. Phys. Lett.* 75.6 (1999), S. 856.

[134] J. Junquera und P. Ghosez. »Critical thickness for ferroelectricity in perovskite ultrathin films«. In: *Nature* 422.6931 (2003), S. 506–509.

[135] N. A. Spaldin. »Fundamental size limits in ferroelectricity«. In: *Science* 304.5677 (2004), S. 1606–1607.

[136] D. D. Fong. »Ferroelectricity in ultrathin perovskite films«. In: *Science* 304.5677 (2004), S. 1650–1653.

[137] A. Roelofs, T. Schneller, K. Szot und R. Waser. »Towards the limit of ferroelectric nanosized grains«. In: *Nanotechnol.* 14.2 (2003), S. 250–253.

[138] E. K. Akdogan, C. J. Rawn, W. D. Porter, E. A. Payzant und A. Safari. »Size effects in $PbTiO_3$ nanocrystals: Effect of particle size on spontaneous polarization and strains«. In: *J. Appl. Phys.* 97 (2005), S. 084305.

[139] G. Arlt, D. Hennings und G. d. With. »Dielectric properties of fine-grained barium titanate ceramics«. In: *J. Appl. Phys.* 58.4 (1985), S. 1619.

[140] C. H. Ahn. »Ferroelectricity at the nanoscale: Local polarization in oxide thin films and heterostructures«. In: *Science* 303.5657 (2004), S. 488–491.

[141] S. Streiffer, J. Eastman, D. Fong, C. Thompson, A. Munkholm, M. Ramana Murty, O. Auciello, G. Bai und G. Stephenson. »Observation of nanoscale 180° stripe domains in ferroelectric $PbTiO_3$ thin films«. In: *Phys. Rev. Lett.* 89.6 (2002).

[142] L. Kim, J. Kim, D. Jung, J. Lee und U. V. Waghmare. »Polarization of strained $BaTiO_3$/$SrTiO_3$ artificial superlattice: First-principles study«. In: *Appl. Phys. Lett.* 87.5 (2005), S. 052903.

[143] B.-K. Lai, I. Ponomareva, I. A. Kornev, L. M. Bellaiche und G. Salamo. »Domain evolution of $BaTiO_3$ ultrathin films under an electric field: A first-principles study«. In: *Phys. Rev. B* 75.8 (2007), S. 085412.

[144] I. P. Batra. »Depolarization field and stability considerations in thin ferroelectric films«. In: *J. Vac. Sci. Technol.* 10.5 (1973), S. 687.

[145] P. Wurfel, I. P. Batra und J. Jacobs. »Polarization instability in thin ferroelectric films«. In: *Phys. Rev. Lett.* 30.24 (1973), S. 1218–1221.

[146] C. Lichtensteiger, J.-M. Triscone, J. Junquera und P. Ghosez. »Ferroelectricity and tetragonality in ultrathin $PbTiO_3$ films«. In: *Phys. Rev. Lett.* 94.4 (2005), S. 047603.

[147] G. Arlt. »Microstructure and domain effects in ferroelectric ceramics«. In: *Ferroelectr.* 91.1 (1989), S. 3–7.

[148] H. Fu und L. Bellaiche. »Ferroelectricity in barium titanate quantum dots and wires«. In: *Phys. Rev. Lett.* 91.25 (2003), S. 257601.

[149] A. Gruverman. »Scanning force microscopy for the study of domain structure in ferroelectric thin films«. In: *J. Vac. Sci. Technol., B* 14.2 (1996), S. 602.

[150] P. Güthner und K. Dransfeld. »Local poling of ferroelectric polymers by scanning force microscopy«. In: *Appl. Phys. Lett.* 61.9 (1992), S. 1137.

[151] J. F. Scott, A. Gruverman, D. Wu, I. Vrejoiu und M. Alexe. »Nanodomain faceting in ferroelectrics«. In: *J. Phys.: Condens. Matter* 20.42 (2008), S. 425222.

[152] B. J. Rodriguez, S. Jesse, M. Alexe und S. V. Kalinin. »Spatially resolved mapping of polarization switching behavior in nanoscale ferroelectrics«. In: *Adv. Mater.* 20.1 (2008), S. 109–114.

[153] Y. Ivry, D. P. Chu, J. F. Scott und C. Durkan. »Flux closure vortexlike domain structures in ferroelectric thin films«. In: *Phys. Rev. Lett.* 104.20 (2010), S. 207602.

[154] H. Han, Y. J. Park, S. Baik, W. Lee, M. Alexe, D. Hesse und U. Gösele. »Domain structures and piezoelectric properties of Pb(Zr$_{0.2}$Ti$_{0.8}$)O$_3$ nanocapacitors«. In: *J. Appl. Phys.* 108.4 (2010), S. 044102.

[155] B. J. Rodriguez, L. M. Eng und A. Gruverman. »Web-like domain structure formation in barium titanate single crystals«. In: *Appl. Phys. Lett.* 97.4 (2010), S. 042902.

[156] C. L. Jia, K. W. Urban, M. Alexe, D. Hesse und I. Vrejoiu. »Direct observation of continuous electric dipole rotation in flux-closure domains in ferroelectric Pb(ZrTi)O$_3$«. In: *Science* 331.6023 (2011), S. 1420–1423.

[157] C. T. Nelson, B. Winchester, Y. Zhang, S.-J. Kim, A. Melville, C. Adamo, C. M. Folkman, S.-H. Baek, C.-B. Eom, D. G. Schlom, L.-Q. Chen und X. Pan. »spontaneous vortex nanodomain arrays at ferroelectric heterointerfaces«. In: *Nano Lett.* 11.2 (2011), S. 828–834.

[158] T. Shimada, X. Wang, S. Tomoda, P. Marton, C. Elsässer und T. Kitamura. »Coexistence of rectilinear and vortex polarizations at twist boundaries in ferroelectric PbTiO$_3$ from first principles«. In: *Phys. Rev. B* 83.9 (2011), S. 094121.

[159] N. Balke, S. Choudhury, S. Jesse, M. Huijben, Y. H. Chu, A. P. Baddorf, L. Q. Chen, R. Ramesh und S. V. Kalinin. »Deterministic control of ferroelastic switching in multiferroic materials«. In: *Nat. Nanotech.* 4.12 (2009), S. 868–875.

[160] I. I. Naumov und A. M. Bratkovsky. »Unusual polarization patterns in flat epitaxial ferroelectric nanoparticles«. In: *Phys. Rev. Lett.* 101.10 (2008), S. 107601.

[161] J. F. Scott. »Ferroelectrics: Novel geometric ordering of ferroelectricity«. In: *Nat. Mater.* 4.1 (2005), S. 13–14.

[162] M. K. Roy, S. Sarkar und S. Dattagupta. »Evolution of 180°, 90°, and vortex domains in ferroelectric films«. In: *Appl. Phys. Lett.* 95.19 (2009), S. 192905.

[163] F. Xue, X. S. Gao und J.-M Liu. »Monte Carlo simulation on the size effect in ferroelectric nanostructures«. In: *J. Appl. Phys.* 106.11 (2009), S. 114103.

[164] S. A. Prosandeev, I. A. Kornev und L. M. Bellaiche. »Tensors in ferroelectric nanoparticles: First-principles-based simulations«. In: *Phys. Rev. B: Condens. Matter* 76.1 (2007), S. 012101.

[165] I. I. Naumov und H. Fu. »Vortex-to-polarization phase transformation path in ferroelectric Pb(ZrTi)O$_3$ nanoparticles«. In: *Phys. Rev. Lett.* 98.7 (2007), S. 077603.

[166] S. A. Prosandeev, I. Ponomareva, I. I. Naumov, I. A. Kornev und L. M. Bellaiche. »Original properties of dipole vortices in zero-dimensional ferroelectrics«. In: *J. Phys.: Condens. Matter* 20.19 (2008), S. 193201.

[167] I. Münch und J. E. Huber. »A hexadomain vortex in tetragonal ferroelectrics«. In: *Appl. Phys. Lett.* 95.2 (2009), S. 022913.

[168] M. Stengel, D. Vanderbilt und N. A. Spaldin. »First-principles modeling of ferroelectric capacitors via constrained displacement field calculations«. In: *Phys. Rev. B* 80.22 (2009).

[169] I. I. Naumov, H. X. Fu und H. Fu. »Spontaneous polarization in one-dimensional Pb(ZrTi)O$_3$ nanowires«. In: *Phys. Rev. Lett.* 95.24 (2005), S. 247602.

[170] I. Ponomareva, I. I. Naumov und L. M. Bellaiche. »Low-dimensional ferroelectrics under different electrical and mechanical boundary conditions: Atomistic simulations«. In: *Phys. Rev. B* 72.21 (2005), S. 214118.

[171] M. Molotskii. »Generation of ferroelectric domains in atomic force microscope«. In: *J. Appl. Phys.* 93.10 (2003), S. 6234.

[172] J. Wang. »Switching mechanism of polarization vortex in single-crystal ferroelectric nanodots«. In: *Appl. Phys. Lett.* 97.19 (2010), S. 192901.

[173] L. Hong und A. Soh. »Unique vortex and stripe domain structures in $PbTiO_3$ epitaxial nanodots«. In: *Mech. Mater.* 43.6 (2011), S. 342–347.

[174] M. Voetz und C. Göbbert. *Herstellung und Charakterisierung standardisierter Nanopartikel*. Techn. Ber. Bayer Technology Services GmbH, 2007.

[175] C. Raab, M. Simkó, U. Fiedeler, M. Nentwich und A. Gazsó. »Herstellungsverfahren von Nanopartikeln und Nanomaterialien«. In: *nano trust dossier* 6 (2008), S. 1–4.

[176] M. D. Levenson, N. S. Viswanathan und R. A. Simpson. »Improving resolution in photolithography with a phase-shifting mask«. In: *IEEE Trans. Electron. Dev.* 29.12 (1982), S. 1828–1836.

[177] Y. C. Pati und T. Kailath. »Phase-shifting masks for microlithography: automated design and mask requirements«. In: *J. Opt. Soc. Am. A* 11.9 (1994), S. 2438.

[178] H. G. Rubahn. *Basics of Nanotechnology*. 3. Aufl. Weinheim: Wiley-VCH, 2008.

[179] G. Stengl und H. F. Glavish. »Ion Beam Lithography«. Pat. US 4,985,634. Jan. 1991.

[180] F. Watt, A. A. Bettiol, J. A. van Kan, E. J. Teo und M. B. H. Bresse. »Ion beam lithography and nanofabrication: A review«. In: *Int. J. Nanosci.* 04.03 (2005), S. 269–286.

[181] M. Alexe, C. Harnagea und D. Hesse. »Nano-Engineering für nichtflüchtige ferroelektrische Speicher«. In: *Physikalische Blätter* 56.10 (2000), S. 47.

[182] H. G. Craighead und L. M. Schiavone. »Metal deposition by electron beam exposure of an organometallic film«. In: *Appl. Phys. Lett.* 48.25 (1986), S. 1748.

[183] S. Okamura, K. Mori, T. Tsukamoto und T. Shiosaki. »Fabrication of ferroelectric $Bi_4Ti_3O_{12}$ thin films and micropatterns by means of chemical solution decomposition and electron beam irradiation«. In: *Integr. Ferroelectr.* 18.1-4 (1997), S. 311–318.

[184] S. Barcikowski und C. Menneking. »Rapid Nanomaterial Manufacturing: Lasergenerierte Nanopartikel zur Anwendung auf Oberflächen und in Materialien«. In: *Analytik News* (2009).

[185] W. T. Nichols, J. W. Keto, D. E. Henneke, J. R. Brock, M. F. Becker, H. D. Glicksman und G. Malyavanatham. »Large-scale production of nanocrystals by laser ablation of microparticles in a flowing aerosol«. In: *Appl. Phys. Lett.* 78.8 (2001), S. 1128–1130.

[186] D. Ashkenasi, H. Varel, A. Rosenfeld, S. Henz, J. Herrmann und E. E. B. Cambell. »Application of self-focusing of ps laser pulses for three-dimensional microstructuring of transparent materials«. In: *Appl. Phys. Lett.* 72.12 (1998), S. 1442.

[187] J.-H. Klein-Wiele und P. Simon. »Fabrication of periodic nanostructures by phase-controlled multiple-beam interference«. In: *Appl. Phys. Lett.* 83.23 (2003), S. 4707.

[188] J.-H. Klein-Wiele, J. Bekesi und P. Simon. »Sub-micron patterning of solid materials with ultraviolet femtosecond pulses«. In: *Appl. Phys. A* 79.4-6 (2004), S. 775–778.

[189] T. Katagiri, K. S. Seol, K. Takeuchi und Y. Ohki. »Crystallization of monodisperse lead zirconate titanate nanoparticles produced by laser ablation«. In: *Jpn. J. Appl. Phys.* 43.7A (2004), S. 4419–4423.

[190] J. Fujita, K. Suzuki, N. Wada, Y. Sakabe, K. Takeuchi und Y. Ohki. »Dielectric properties of $BaTiO_3$ thin films prepared by laser ablation«. In: *Jpn. J. Appl. Phys.* 45.10A (2006), S. 7806–7812.

[191] W. Ma und D. Hesse. »Polarization imprint in ordered arrays of epitaxial ferroelectric nanostructures«. In: *Appl. Phys. Lett.* 84.15 (2004), S. 2871.

[192] J. Ma, X. M. Lu, Y. Kan, J. Gu und J. S. Zhu. »Lanthanum and neodymium substituted $Bi_4Ti_3O_{12}$ nanostructures through self-assembly«. In: *Integr. Ferroelectr.* 73 (2005), S. 149–156.

[193] S. Y. Chou, P. R. Krauss und P. J. Renstrom. »Imprint of sub-25 nm vias and trenches in polymers«. In: *Appl. Phys. Lett.* 67.21 (1995), S. 3114.

[194] S. H. Ahn und L. J. Guo. »Large-area roll-to-roll and roll-to-plate nanoimprint lithography: A step toward high-throughput application of continuous nanoimprinting«. In: *ACS Nano* 3.8 (2009), S. 2304–2310.

[195] A. Finn, R. Hensel, F. Hagemann, R. Kirchner, A. Jahn und W.-J. Fischer. »Geometrical properties of multilayer nano-imprint-lithography molds for optical applications«. In: *Microelectron. Eng.* 98 (2012), S. 284–287.

[196] M. Borgstrom, J. Johansson, L. Samuelson und W. Seifert. »Electron beam prepatterning for site control of self-assembled quantum dots«. In: *Appl. Phys. Lett.* 78.10 (2001), S. 1367.

[197] I. T. Wellington, C. E. Valdivia, T. J. Sono, C. L. Sones, S. Mailis und R. W. Eason. »Ordered nano-scale domains in lithium niobate single crystals via phase-mask assisted all-optical poling«. In: *Appl. Surf. Sci.* 253.9 (2007), S. 4215–4219.

[198] S. Ottow, V. Lehmann und H. Föll. »Development of three-dimensional microstructure processing using macroporous *n*-type silicon«. In: *Appl. Phys. A* 63.2 (1996), S. 153–159.

[199] J. Schilling, F. Müller, S. Matthias, R. B. Wehrspohn, U. Gösele und K. Busch. »Three-dimensional photonic crystals based on macroporous silicon with modulated pore diameter«. In: *Appl. Phys. Lett.* 78.9 (2001), S. 1180.

[200] W. Lee, R. Ji, U. Gösele und K. Nielsch. »Fast fabrication of long-range ordered porous alumina membranes by hard anodization«. In: *Nat. Mater.* 5.9 (2006), S. 741–747.

[201] L. Liu, W. Lee, Z. Huang, R. Scholz und U. Gösele. »Fabrication and characterization of a flow-through nanoporous gold nanowire/AAO composite membrane«. In: *Nanotechnol.* 19.33 (2008), S. 335604.

[202] M. Madsen, G. Kartopu, N. L. Andersen, M. Es-Souni und H.-G. Rubahn. »Para-hexaphenyl nanofiber growth on Au-coated porous alumina templates«. In: *Appl. Phys. A* 96.3 (2009), S. 591–594.

[203] H. Lu, K. Yan, J. Yan und J. Wang. »Fabrication of micro-Ni arrays by electroless and electrochemical depositions with etched porous aluminum template«. In: *Bull. Mater. Sci.* 33.5 (2010), S. 641–645.

[204] E. D. Mishina, K. A. Vorotilov, V. A. Vasil'ev, A. S. Sigov, N. Ohta und S. Nakabayashi. »Porous silicon-based ferroelectric nanostructures«. In: *J. Exp. Theor. Phys.* 95.3 (2002), S. 502–504.

[205] F. D. Morrison, Y. Luo, I. Szafraniak, V. Nagarajan, R. B. Wehrspohn, M. Steinhart, J. H. Wendroff, N. D. Zakharov, K. A. Vorotilov, A. S. Sigov, S. Nakabayashi, R. Ramesh, J. F. Scott, E. D. Mishina und M. Alexe. »Ferroelectric nanotubes«. In: *Rev. Adv. Mater. Sci.* 4 (2003), S. 114–122.

[206] E. D. Mishina, V. I. Stadnichuk, A. S. Sigov, Y. I. Golovko, V. M. Mukhorotov, S. Nakabayashi, H. Masuda, A. Nakao und D. Hashizume. »Ferroelectric nanostructures sputtered on alumina membranes«. In: *Physica E* 25.1 (2004), S. 35–41.

[207] I. Enculescu. »Nanowires and nanotubes prepared using ion track membrane as templates«. In: *J. Nanomater. Biostruc.* 1.1 (2006), S. 15–20.

[208] Y.-Y. Chen, B.-Y. Yu, J.-H. Wang, R. E. Cochran und J.-J. Shyue. »Template-based fabrication of $SrTiO_3$ and $BaTiO_3$ nanotubes«. In: *Inorg. Chem.* 48.2 (2009), S. 681–686.

[209] W. F. Su, J. F. Lee, M. Y. Chen und R. M. Ho. »Bismuth titanate nanoparticles dispersed polyacrylates«. In: *J. Mater. Res.* 19.8 (2004), S. 2343–2348.

[210] X. F. Du, Y. L. Xu, H. X. Ma, J. Wang und X. F. Li. »Synthesis and characterization of bismuth titanate by an aqueous sol-gel method«. In: *J. Am. Ceram. Soc.* 90.5 (2007), S. 1382–1385.

[211] B. Li, J. Wang, M. Fu, J. Zhou und M. Kuwabara. »Fabrication of barium strontium titanate inverse opals by the sol-gel process«. In: *J. Am. Ceram. Soc.* 90.12 (2007), S. 4062–4065.

[212] S. G. Lu, C. L. Mak, G. K. H. Pang, K. H. Wong und K. W. Cheah. »Blue-shift and intensity enhancement of photoluminescence in lead-zirconate-titanate-doped silica nanocomposites«. In: *Nanotechnol.* 19.3 (2008), S. 035702.

[213] M. L. Zheludkevich, R. Serra, M. F. Montemor, K. A. Yasakau, I. M. M. Salvado und M. G. S. Ferreira. »Nanostructured sol-gel coatings doped with cerium nitrate as pre-treatments for AA2024-T3«. In: *Electrochim. Acta* 51.2 (2005), S. 208–217.

[214] Y. Lu, Y. Yin, B. T. Mayers und Y. Xia. »Modifying the surface properties of superparamagnetic iron oxide nanoparticles through a sol-gel approach«. In: *Nano Lett.* 2.3 (2002), S. 183–186.

[215] J. D. Mackenzie und E. P. Bescher. »Chemical routes in the synthesis of nanomaterials using the sol-gel process«. In: *Acc. Chem. Res.* 40.9 (2007), S. 810–818.

[216] S. H. Xie, J. Y. Li, R. Proksch, Y. M. Liu, Y. C. Zhou, Y. Y. Liu, Y. Ou, L. N. Lan und Y. Qiao. »Nanocrystalline multiferroic $BiFeO_3$ ultrafine fibers by sol-gel based electrospinning«. In: *Appl. Phys. Lett.* 93.22 (2008), S. 222904.

[217] M. L. Calzada, M. Torres, L. E. Fuentes-Cobas, A. Mehta, J. Ricote und L. Pardo. »Ferroelectric self-assembled $PbTiO_3$ perovskite nanostructures onto (100)$SrTiO_3$ substrates from a novel microemulsion aided sol-gel preparation method«. In: *Nanotechnol.* 18.37 (2007), S. 375603.

[218] A. C. Dippel, T. Schneller und R. Waser. »Thin films of undoped lead titanate: Morphology and electrical properties«. In: *Integr. Ferroelectr.* 98 (2008), S. 3–10.

[219] Y. Faheem und K. S. Joya. »Phase transformation and freestanding nanoparticles formation in lead zirconate titanate derived by sol-gel«. In: *Appl. Phys. Lett.* 91.6 (2007), S. 063115.

[220] R. B. H. Tahar, N. B. H. Tahar und A. Ben Salah. »Preparation and characterization of PZT solid solutions via sol-gel process«. In: *J. Cryst. Growth* 307.1 (2007), S. 40–43.

[221] S. L. Swartz und P. J. Melling. »Process for making sol-gel deposited ferroelectric thin films insensitive to their substrates«. Pat. U.S. 5198269. März 1993.

[222] F. C. Frank und J. H. van der Merwe. »One-dimensional dislocations: I. Static theory«. In: *Proc. Royal Society A* 198.1053 (1949), S. 205–216.

[223] M. Volmer und A. Weber. »Nucleation in super-saturated products«. In: *Z. Phys. Chem.* 119 (1926), S. 277–301.

[224] I. N. Stranski und L. Krastanow. »Abhandlungen der mathematisch-naturwissenschaftlichen Klasse IIb«. In: *Akademie der Wissenschaften Wien* 2.146 (1938), S. 797–810.

[225] T. Andersson und C. G. Granqvist. »Morphology and size distributions of islands in discontinuous films«. In: *J. Appl. Phys.* 48.4 (1977), S. 1673.

[226] Z. H. Ma, W. D. Sun, I. K. Sou und G. K. L. Wong. »Atomic force microscopy studies of ZnSe self-organized dots fabricated on ZnS/GaP«. In: *Appl. Phys. Lett.* 73.10 (1998), S. 1340.

[227] J. Bosbach, D. Martin, F. Stietz, T. Wenzel und F. Träger. »Laser-based method for fabricating monodisperse metallic nanoparticles«. In: *Appl. Phys. Lett.* 74.18 (1999), S. 2605.

[228] M. P. Stoykovich und P. F. Nealey. »Block copolymers and conventional lithography«. In: *Mater. Today* 9.9 (2006), S. 20–29.

[229] M. Park. »Block copolymer lithography: Periodic arrays of $\approx 10^{11}$ holes in 1 cm^2«. In: *Science* 276.5317 (1997), S. 1401–1404.

[230] L. Rayleigh. »Surface tension«. In: *Nature* 43.1115 (1891), S. 437–439.

[231] K. Blodgett und I. Langmuir. »Built-up films of barium stearate and their optical properties«. In: *Phys. Rev.* 51.11 (1937), S. 964–982.

[232] A. Ulman. *An introduction to ultrathin organic films: From Langmuir-Blodgett to self-assembly*. Boston: Academic Press, 1991.

[233] L. H. Dubois und R. G. Nuzzo. »Synthesis, structure, and properties of model organic surfaces«. In: *Annu. Rev. Phys. Chem.* 43.1 (1992), S. 437–463.

[234] M. Wendel, S. Kühn, H. Lorenz, J. P. Kotthaus und M. Holland. »Nanolithography with an atomic force microscope for integrated fabrication of quantum electronic devices«. In: *Appl. Phys. Lett.* 65.14 (1994), S. 1775.

[235] M. Wendel, H. Lorenz und J. P. Kotthaus. »Sharpened electron beam deposited tips for high resolution atomic force microscope lithography and imaging«. In: *Appl. Phys. Lett.* 67.25 (1995), S. 3732.

[236] B. W. Chui, T. D. Stowe, T. W. Kenny, H. J. Mamin, B. D. Terris und D. Rugar. »Low-stiffness silicon cantilevers for thermal writing and piezoresistive readback with the atomic force microscope«. In: *Appl. Phys. Lett.* 69.18 (1996), S. 2767.

[237] H. Sugimura und N. Nakagiri. »Organosilane monolayer resists for scanning probe lithography«. In: *J. Photopolym. Sci. Technol.* 10.4 (1997), S. 661–666.

[238] J. Jersch und K. Dickmann. »Nanostructure fabrication using laser field enhancement in the near field of a scanning tunneling microscope tip«. In: *Appl. Phys. Lett.* 68.6 (1996), S. 868.

[239] J. Jersch, F. Demming, L. J. Hildenhagen und K. Dickmann. »Field enhancement of optical radiation in the nearfield of scanning probe microscope tips«. In: *Appl. Phys. A* 66.1 (1998), S. 29–34.

[240] M. F. Crommie, C. P. Lutz und D. M. Eigler. »Confinement of electrons to quantum corrals on a metal surface«. In: *Science* 262.5131 (1993), S. 218–220.

[241] R. D. Piner, J. Zhu, F. Xu, S. Hong und C. A. Mirkin. »Dip-pen nanolithography«. In: *Science* 283.5402 (1999), S. 661–663.

[242] U. C. Fischer und H. P. Zingsheim. »Submicroscopic pattern replication with visible light«. In: *J. of Vac. Sci. Technol.* 19.4 (1981), S. 881–885.

[243] H. W. Deckman und J. H. Dunsmuir. »Natural lithography«. In: *Appl. Phys. Lett.* 41.4 (1982), S. 377–379.

[244] D.-G. Choi, S. Kim, E. Lee und S.-M. Yang. »Particle arrays with patterned pores by nanomachining with colloidal masks«. In: *J. Am. Chem. Soc.* 127.6 (2005), S. 1636–1637.

[245] D. Byrne, A. Schilling, J. F. Scott und J. M. Gregg. »Ordered arrays of lead zirconium titanate nanorings«. In: *Nanotechnol.* 19.16 (2008), S. 165608–165613.

[246] A. Große. »Synthese und Charakterisierung sphärischer vernetzter Polymere«. Magisterarb. Dresden: TU Dresden, Sep. 2010.

[247] R. Arshady. »Suspension, emulsion, and dispersion polymerization: A methodological survey«. In: *Colloid Polym. Sci.* 270.8 (1992), S. 717–732.

[248] H.-G. Elias. *Makromoleküle: Technologie : Rohstoffe – industrielle Synthesen – Polymere – Anwendungen.* 5. Aufl. Bd. 2. Basel: Hüthig & Wepf, 1992.

[249] Encyclopædia Britannica. *Emulsion Polymerization.* 2013.

[250] W. D. Harkins. »A general theory of the mechanism of emulsion polymerization«. In: *J. Am. Chem. Soc.* 69.6 (1947), S. 1428–1444.

[251] Y. Xia und G. M. Whitesides. »Soft lithography«. In: *Angew. Chem. Int. Ed.* 37.5 (1998), S. 550–575.

[252] M. D. Lechner, K. Gehrke und E. Nordmeier. *Makromolekulare Chemie: Ein Lehrbuch für Chemiker, Physiker, Materialwissenschaftler und Verfahrenstechniker.* 3. Aufl. Basel, Boston und Berlin: Birkhäuser, 2003.

[253] W. Stöber, A. Fink und E. Bohn. »Controlled growth of monodisperse silica spheres in the micron size range«. In: *J. Colloid Interface Sci.* 26.1 (1968), S. 62–69.

[254] W. B. Russel, D. A. Saville und W. R. Schowalter. *Colloidal dispersions.* Cambridge University Press, 1992.

[255] H. Ohshima. »The Derjaguin–Landau–Verwey–Overbeek (DLVO) Theory of colloid stability«. In: *Electrical Phenomena at Interfaces and Biointerfaces*. Hrsg. von H. Ohshima. Hoboken: John Wiley & Sons, 2012.

[256] N. Denkov, O. Velev, P. Kralchevski, I. Ivanov, H. Yoshimura und K. Nagayama. »Mechanism of formation of two-dimensional crystals from latex particles on substrates«. In: *Langmuir* 8.12 (1992), S. 3183–3190.

[257] P. J. Sides. »Electrohydrodynamic particle aggregation on an electrode driven by an alternating electric field normal to it«. In: *Langmuir* 17.19 (2001), S. 5791–5800.

[258] A. L. Rogach, N. A. Kotov, D. S. Koktysh, J. W. Ostrander und G. A. Ragoisha. »Electrophoretic deposition of latex-based 3D colloidal photonic crystals: a technique for rapid production of high-quality opals«. In: *Chem. Mater.* 12.9 (2000), S. 2721–2726.

[259] J. Rybczynski, U. Ebels und M. Giersig. »Large-scale, 2D arrays of magnetic nanoparticles«. In: *Colloids Surf., A* 219.1-3 (2003), S. 1–6.

[260] R. Aveyard, J. H. Clint, D. Nees und V. N. Paunov. »Compression and structure of monolayers of charged latex particles at air/water and octane/water interfaces«. In: *Langmuir* 16.4 (2000), S. 1969–1979.

[261] K.-U. Fulda und B. Tieke. »Langmuir films of monodisperse 0.5 μm spherical polymer particles with a hydrophobic core and a hydrophilic shell«. In: *Adv. Mater.* 6.4 (1994), S. 288–290.

[262] V. Canpean, S. Astilean, T. Petrisor Jr., M. Gabor und I. Ciascai. »Convective assembly of two-dimensional nanosphere lithographic masks«. In: *Mater. Lett.* 63.21 (2009), S. 1834–1836.

[263] E. Hutter und J. H. Fendler. »Exploitation of localized surface plasmon resonance«. In: *Adv. Mater.* 16.19 (2004), S. 1685–1706.

[264] Z.-Q. Tian, B. Ren und D.-Y. Wu. »Surface-enhanced raman scattering: From noble to transition metals and from rough surfaces to ordered nanostructures«. In: *J. Phys. Chem. B* 106.37 (2002), S. 9463–9483.

[265] Y. J. Zhang, W. Li und K. J. Chen. »Application of two-dimensional polystyrene arrays in the fabrication of ordered silicon pillars«. In: *J. Alloys Compd.* 450.1-2 (2008), S. 512–516.

[266] X. Li, Z. R. Tadisina, S. Gupta und G. Ju. »Preparation and properties of perpendicular CoPt magnetic nanodot arrays patterned by nanosphere lithography«. In: *J. Vac. Sci. Technol., A* 27.4 (2009), S. 1062–1066.

[267] Y. Yin und Y. Xia. »Self-assembly of spherical colloids into helical chains with well-controlled handedness«. In: *J. Am. Chem. Soc.* 125.8 (2003), S. 2048–2049.

[268] C. L. Haynes und R. P. v. Duyne. »Nanosphere lithography: A versatile nanofabrication tool for studies of size-dependent nanoparticle optics«. In: *J. Phys. Chem. B* 105.24 (2001), S. 5599–5611.

[269] W. Li, W. Zhao und P. Sun. »Fabrication of highly ordered metallic arrays and silicon pillars with controllable size using nanosphere lithography«. In: *Physica E* 41.8 (2009), S. 1600–1603.

[270] J. C. Hulteen, D. A. Treichel, M. T. Smith, M. L. Duval, T. R. Jensen und R. P. v. Duyne. »Nanosphere lithography: Size-tunable silver nanoparticle and surface cluster arrays«. In: *J. Phys. Chem. B* 103.19 (1999), S. 3854–3863.

[271] A. Kosiorek, W. Kandulski, P. Chudzinski, K. Kempa und M. Giersig. »Shadow nanosphere lithography: Simulation and experiment«. In: *Nano Lett.* 4.7 (2004), S. 1359–1363.

[272] X. Zhou, W. Knoll, N. Zhang und H. Liu. »Profile calculation of gold nanostructures by dispersed-nanosphere lithography through oblique etching for LSPR applications«. In: *J. Nanopart. Res.* 11.5 (2009), S. 1065–1074.

[273] M. Retsch, M. Tamm, N. Bocchio, N. Horn, U. Jonas, M. Kreiter und R. Förch. »Parallel preparation of densely packed arrays of 150 nm gold-nanocrescent resonators in three dimensions«. In: *Small* 5.18 (2009), S. 2105–2110.

[274] C. X. Cong, T. Yu, Z. H. Ni, L. Liu, Z. X. Shen und W. Huang. »Fabrication of graphene nanodisk arrays using nanosphere lithography«. In: *J. Phys. Chem. C* 113.16 (2009), S. 6529–6532.

[275] K. Wasa, M. Kitabatake und H. Adachi. *Thin film materials technology: Sputtering of compound materials*. Norwich, New York und Heidelberg: William Andrew Pub. und Springer, 2004.

[276] F. Völklein und T. Zetterer. *Praxiswissen Mikrosystemtechnik: Grundlagen, Technologien, Anwendungen*. 2. Aufl. Wiesbaden: Vieweg, 2006.

[277] U. Hilleringmann. *Silizium-Halbleitertechnologie*. 4. Aufl. Stuttgart, Leipzig und Wiesbaden: Teubner, 2004.

[278] P. Muralt. »Texture control and seeded nucleation of nanosize structures of ferroelectric thin films«. In: *J. Appl. Phys.* 100.5 (2006), S. 051605.

[279] V. S. Vidyarthi. *Multi-target sputtering technology of Pb(ZrTi)O_3 thin films for electron devices*. Dresden: TUDpress, 2008.

[280] V. S. Vidyarthi, W.-M. Lin, G. Suchaneck, G. Gerlach, C. Thiele und V. Hoffmann. »Plasma emission controlled multi-target reactive sputtering for in-situ crystallized Pb(ZrTi)O_3 thin films on 6" Si-wafers«. In: *Thin Solid Films* 515.7-8 (2007), S. 3547–3553.

[281] B. D. Cullity und S. R. Stock. *Elements of x-ray diffraction*. 3. Aufl. Upper Saddle River und New Jersey: Prentice Hall, 2001.

[282] B. Noheda, J. Gonzalo, L. Cross, R. Guo, S.-E. Park, D. Cox und G. Shirane. »Tetragonal-to-monoclinic phase transition in a ferroelectric perovskite: The structure of PbZr$_{0.52}$Ti$_{0.48}$O$_3$«. In: *Phys. Rev. B* 61.13 (2000), S. 8687–8695.

[283] M. B. Kelman, L. F. Schloss, P. C. McIntyre, B. C. Hendrix, S. M. Bilodeau und J. F. Roeder. »Thickness-dependent phase evolution of polycrystalline Pb(Zr$_{0.35}$Ti$_{0.65}$)O$_3$ thin films«. In: *Appl. Phys. Lett.* 80 (2002), S. 1258.

[284] A. S. P. Chang, C. Peroz, X. Liang, S. Dhuey, B. Harteneck und S. Cabrini. »Nanoimprint planarization of high aspect ratio nanostructures using inorganic and organic resist materials«. In: *J. Vac. Sci. Technol., B* 27.6 (2009), S. 2877.

[285] C. Durkan, M. Welland, D. Chu und P. Migliorato. »Probing domains at the nanometer scale in piezoelectric thin films«. In: *Phys. Rev. B* 60.23 (1999), S. 16198–16204.

[286] S. V. Kalinin, A. N. Morozovska, L. Q. Chen und B. J. Rodriguez. »Local polarization dynamics in ferroelectric materials«. In: *Rep. Prog. Phys.* 73.5 (2010), S. 056502.

[287] K. Franke und M. Weihnacht. »Evaluation of electrically polar substances by electric scanning force microscopy. Part I: Measurement signals due to maxwell stress«. In: *Ferroelectr. Lett.* 19.1-2 (1995), S. 25–33.

[288] K. Franke. »Evaluation of electrically polar substances by electric scanning force microscopy. Part II: Measurement signals due to electromechanical effects«. In: *Ferroelectr. Lett.* 19.1-2 (1995), S. 35–43.

[289] K. Goto und K. Hane. »Tip–sample capacitance in capacitance microscopy of dielectric films«. In: *J. Appl. Phys.* 84.8 (1998), S. 4043.

[290] S. Belaidi, P. Girard und G. Leveque. »Electrostatic forces acting on the tip in atomic force microscopy: Modelization and comparison with analytic expressions«. In: *J. Appl. Phys.* 81.3 (1997), S. 1023.

[291] G. M. Sacha, E. Sahagún und J. J. Sáenz. »A method for calculating capacitances and electrostatic forces in atomic force microscopy«. In: *J. Appl. Phys.* 101.2 (2007), S. 024310.

[292] W. B. J. Zimmerman. »Multiphysics Modeling with Finite Element Methods«. In: *Series on Stability, Vibration & Control of Systems A*. Bd. 18. World Scientific Publishing Co Pte Ltd, 2006.

[293] L. Tian, A. Vasudevarao, A. N. Morozovska, E. A. Eliseev, S. V. Kalinin und V. Gopalan. »Nanoscale polarization profile across a 180° ferroelectric domain wall extracted by quantitative piezoelectric force microscopy«. In: *J. Appl. Phys.* 104.7 (2008), S. 074110.

[294] B. Meyer und D. Vanderbilt. »Ab initio study of ferroelectric domain walls in $PbTiO_3$«. In: *Phys. Rev. B* 65.10 (2002).

[295] M. Alexe, Hrsg. *Nanoscale characterisation of ferroelectric materials: Scanning probe microscopy approach*. Nanoscience and technology. Berlin und Heidelberg: Springer, 2004.

[296] K. Lee, H. Shin, W.-K. Moon, J. U. Jeon und Y. E. Pak. »Detection mechanism of spontaneous polarization in ferroelectric thin films using electrostatic force microscopy«. In: *Jpn. J. Appl. Phys.* 38.Part 2, No. 3A (1999), S. L264–L266.

[297] A. Gruverman. »Scaling effect on statistical behavior of switching parameters of ferroelectric capacitors«. In: *Appl. Phys. Lett.* 75.10 (1999), S. 1452.

[298] C. Durkan, D. P. Chu, P. Migliorato und M. E. Welland. »Investigations into local piezoelectric properties by atomic force microscopy«. In: *Appl. Phys. Lett.* 76.3 (2000), S. 366.

[299] M. Abplanalp, L. M. Eng und P. Günter. »Mapping the domain distribution at ferroelectric surfaces by scanning force microscopy«. In: *Appl. Phys. A* 66 (1998), S. 231–234.

[300] J. Hong, K. Noh, S. Park, S. Kwun und Z. Khim. »Surface charge density and evolution of domain structure in triglycine sulfate determined by electrostatic-force microscopy«. In: *Phys. Rev. B* 58.8 (1998), S. 5078–5084.

[301] L. M. Eng, H.-J Güntherodt, G. Rosenman, A. Skliar, M. Oron, M. Katz und D. Eger. »Nondestructive imaging and characterization of ferroelectric domains in periodically poled crystals«. In: *J. Appl. Phys.* 83.11 (1998), S. 5973.

[302] L. M. Eng, H.-J Güntherodt, G. A. Schneider, U. Köpke und J. M. Saldaña. »Nanoscale reconstruction of surface crystallography from three-dimensional polarization distribution in ferroelectric barium titanate ceramics«. In: *Appl. Phys. Lett.* 74 (1999), S. 233.

[303] A. Roelofs, U. Böttger, R. Waser, F. Schlaphof, S. Trogisch und L. M. Eng. »Differentiating 180° and 90° switching of ferroelectric domains with three-dimensional piezoresponse force microscopy«. In: *Appl. Phys. Lett.* 77.21 (2000), S. 3444.

[304] M. Abplanalp. »Piezoresponse scanning force microscopy of ferroelectric domain«. Diss. Zürich: Swiss Federal Institute of Technology, 2001.

[305] C. S. Ganpule. »Nanoscale phenomena in ferroelectric thin films«. Diss. College Park: University of Maryland, 2001.

[306] S. V. Kalinin. »Nanoscale Electric Phenomena at Oxide Surfaces and Interfaces by Scanning Probe Microscopy«. Diss. Philadelphia: University of Pennsylvania, 2002.

[307] C. Loppacher, F. Schlaphof, S. Schneider, U. Zerweck, S. Grafström, L. M. Eng, A. Roelofs und R. Waser. »Lamellar ferroelectric domains in $PbTiO_3$ grains imaged and manipulated by AFM«. In: *Surf. Sci.* 532-535 (2003), S. 483–487.

[308] G. Suchaneck, T. Sandner, A. Deyneka, G. Gerlach und L. Jastrabik. »Self-polarized PZT thin films: Deposition, characterization and application«. In: *Ferroelectr.* 298.1 (2004), S. 309–316.

[309] N. A. Pertsev, J. R. Contreras, V. G. Kukhar, B. Hermanns, H. Kohlstedt und R. Waser. »Coercive field of ultrathin $Pb(Zr_{0.52}Ti_{0.48})O_3$ epitaxial films«. In: *Appl. Phys. Lett.* 83.16 (2003), S. 3356–3358.

LISTE DER VERÖFFENTLICHUNGEN

ARTIKEL

[1] M. Waegner, A. Finn, G. Suchaneck, G. Gerlach, and L. M. Eng. Connected lead zirconate titanate nanodot arrays for perspective functional materials. *Journal of Nanoscience*, 2013:587345, 2013.

[2] M. Waegner, M. Schröder, G. Suchaneck, H. Sturm, C. Weimann, L. M. Eng, and G. Gerlach. Enhanced piezoelectric response in nano-patterned PZT thin films. *Jpn. J. Appl. Phys.*, 51(11):11PG04, 2012.

[3] M. Waegner, G. Suchaneck, and G. Gerlach. Top-down fabrication of ordered mesoscopic PZT dot arrays by natural lithography. *Integr. Ferroelectr.*, 123(1):75–80, 2011.

BUCHBEITRÄGE

[4] M. Waegner. Nanosphere lithography. In G. Gerlach and K.-J. Wolter, editors, *Bio and Nano Packaging Techniques for Electron Devices*, pages 269–277. Springer Berlin Heidelberg, Berlin and Heidelberg, 2012.

TAGUNGSBANDBEITRÄGE

[5] A. Delana, M. Waegner, D. Glöß, P. Frach, A. Karuppasamy, and A. Subrahmanyam. Gas sensing and photocatalytic properties of pure and doped TiO_2 thin films grown by reactive magnetron sputtering. *International Symposium for Research Scholars on Metallurgy, Materials Science and Engineering (ISRS)*, 2010.

[6] A. Finn, A. Jahn, R. Kirchner, U. Künzelmann, J. He, M. Waegner, and W.-J. Fischer. Multilayer nano-imprint-lithography mold fabrication process. *GMM-Fachbericht-Mikro-Nano-Integration*, 2011.

[7] A. A. Ponomareva, V. A. Moshnikov, O. A. Maslova, D. Glöß, A. Delan, A. Kleiner, M. Waegner, S. Danis, V. Valvoda, and G. Suchaneck. Microstructural analysis of nanocomposite gas-sensitive metal oxide films fabricated by sol-gel technology. In *Proc. VIII International Conference on Amorphous & Microcrystalline Semiconductors*, pages 338–339, St.-Petersburg (Russia), 2012.

[8] M. Waegner, A. Haussmann, M. Hoffmann, G. Suchaneck, G. Gerlach, and L. M. Eng. Investigation of nano-patterned PZT thin films by piezoresponse force microscopy. In *3rd Electronics System Integration Technology Conference ESTC*, pages 1–4. IEEE, 2010.

[9] M. Waegner, M. Schröder, G. Suchaneck, H. Sturm, C. Weimann, L. M. Eng, and G. Gerlach. Domain formation in nano-patterned PZT thin films. *MRS Proc.*, 1454(mrss12-1454-hh01-10), 2012.

[10] M. Waegner, G. Suchaneck, G. Gerlach, L. M. Eng, and A. Finn. Nano-patterned PZT films for perspective functional materials. In *Proceedings of ISAF-ECAPD-PFM 2012*, pages 1–3. IEEE, 2012.

CURRICULUM VITAE

Martin Waegner
Geboren am 18. Februar 1984 in Halle/Saale

BERUFLICHER WERDEGANG

01/2009–06/2013   Doktorand, *Institut für Festkörperelektronik, Fakultät Elektrotechnik und Informationstechnik, Technische Universität Dresden*

08/2007–02/2008   Austauschprojekt, *Indian Institue of Technology (IIT) Madras, Department of Physics, Chennai, Indien*
Thema: „Nano-mixed phases of wide band gap metal oxides"

AUSBILDUNG

01/2009–06/2013   Promotionsbegleitender Studiengang, *Technische Universität Dresden, Fakultät Elektrotechnik und Informationstechnik*
Thema: „Ferroelektrische Nanopartikel für elektronische Bauelemente"

10/2003–12/2008   Studium der Mechatronik, *Technische Universität Dresden*

08/2007–02/2008   Auslandssemester, *Institut National des Sciences Appliquées de Lyon (INSA), Frankreich*

06/2003   Abitur, *Frieden-Gymnasium, Halle/Saale*